西北地区生态环境与作物长势遥感监测丛书

西北地区水稻长势遥感监测

常庆瑞　秦占飞　刘　京　著

科学出版社

北　京

内 容 简 介

本书针对西北地区主要粮食作物之一——水稻，依据田间试验，将试验观测数据与地面高光谱影像、无人机高光谱影像和卫星多光谱影像等多源遥感数据相结合，进行水稻叶片、冠层和地块尺度的长势监测。主要内容包括：水稻长势遥感监测试验设计与数据测定、处理方法，水稻长势及其高光谱特性分析，叶绿素含量、叶面积指数、叶片氮含量的地面高光谱估测模型和 UHD 高光谱影像遥感空间反演，多光谱卫星遥感影像的水稻叶绿素含量、叶面积指数和叶片氮含量估算与遥感空间反演。

本书可供从事遥感、农业科学、地球科学、资源环境等学科领域的科技工作者使用，也可供高等院校农学、资源环境、地理学和遥感技术专业的师生参考。

图书在版编目(CIP)数据

西北地区水稻长势遥感监测／常庆瑞，秦占飞，刘京著.—北京：科学出版社，2019.9

（西北地区生态环境与作物长势遥感监测丛书）

ISBN 978-7-03-062281-5

Ⅰ.①西… Ⅱ.①常… ②秦… ③刘… Ⅲ.①遥感技术–应用–水稻–生长势–监测 Ⅳ.①S511②S127

中国版本图书馆 CIP 数据核字（2019）第 193279 号

责任编辑：李轶冰／责任校对：樊雅琼
责任印制：吴兆东／封面设计：无极书装

科 学 出 版 社 出版
北京东黄城根北街 16 号
邮政编码：100717
http://www.sciencep.com

北京虎彩文化传播有限公司 印刷
科学出版社发行　各地新华书店经销

*

2019 年 9 月第 一 版　开本：720×1000　1/16
2019 年 9 月第一次印刷　印张：11 3/4
字数：250 000

定价：138.00 元
（如有印装质量问题，我社负责调换）

前　言

西北农林科技大学"土地资源与空间信息技术"研究团队从 20 世纪 80 年代开始遥感与地理信息科学在农业领域的应用研究。早期主要进行农业资源调查评价，土壤和土地利用调查制图。20 世纪 90 年代到 21 世纪初，重点开展了水土流失调查、土地荒漠化动态监测、土地覆盖/变化及其环境效益评价。最近 10 多年，随着遥感技术的快速发展和应用领域的深入推广，研究团队在保持已有研究特色基础上，紧密结合国家需求和学科发展，重点开展生态环境信息精准获取与植被（重点是农作物）长势遥感监测研究工作，对黄土高原生态环境和西北地区主要农作物——小麦、玉米、水稻、油菜和棉花等生长状况遥感监测原理、方法和技术体系进行系统研究，取得一系列具有国内领先水平的科技成果。

本书是研究团队在水稻生长状况遥感监测领域多年工作的集成。先后受到国家高技术研究发展计划（863 计划）课题"作物生长信息的数字化获取与解析技术"（2013AA102401）、国家科技支撑计划课题"旱区多遥感平台农田信息精准获取技术集成与服务"（2012BAH29B04）、高等学校博士学科点专项科研基金项目"渭河流域农田土壤环境与作物营养状况遥感监测原理与方法"（20120204110013）等项目的资助。

本书在这些项目研究成果的基础上，总结、凝练研究团队相关研究生学位论文和多篇公开发表的学术论文，由常庆瑞、秦占飞、刘京撰写而成。内容以西北地区主要粮食作物水稻生长状况监测为核心，根据田间试验和遥感观测数据，将水稻生长过程的生理生化参数与光谱反射率、地面高光谱影像、无人机高光谱影像和卫星多光谱影像等多源遥感数据相结合，对水稻叶片、冠层和地块尺度等不同层次生长状况的光谱特征、敏感波段及其光谱参数、建模方法进行系统论述。第 1 章，材料与方法。概括介绍田间试验方案设计，生理生化参数和生态环境测定的内容、仪器设备和方法，遥感信息采集的类型、方法、仪器设备，光谱与图像数据处理、特征参数提取、模型构建和精度检验方法。第 2 章，西北地区水稻的光谱特征。系统分析水稻生长发育过程中叶绿素含量、叶面积指数、土壤氮和碳含量的变化及其叶片和冠层光谱特征。第 3 章~第 5 章，水稻叶绿素含量、叶面积指数和叶片氮含量高光谱估测模型。在分析各生理生化指标与光谱及其特征参数相关性的基础上，应用不同数学方法，经过模型精度检验和误差比较，分别构建叶绿素含量、叶面积指数和叶片氮含量的高光谱估测模型。第 6 章 ~ 第 8 章，高光谱影像和多光谱影像水稻叶绿素含量、叶面积指数和叶片氮含量遥感反演。系统分析水稻生长发育过程地面高光谱影像（SOC 高光谱成像仪影像）、无人机高光谱影像（Cubert UHD185 成像光谱仪影像）和高分一号卫星多光谱影像的波谱特征和响应能力，基于遥感影像特征光谱参数，进行地块和区域尺度的水稻叶绿素含量、叶面积指数和叶片氮含量的估测模型构建以及水稻生长状况遥感空间反演。

本书由常庆瑞主持组织编写，负责总体设计和任务分解。各章执笔人如下。前言，常庆瑞；第 1 章，常庆瑞、秦占飞、刘京；第 2 章，秦占飞、常庆瑞、刘京；第 3 章，秦占飞、常庆瑞；第 4 章，常庆瑞、秦占飞、刘京；第 5 章，秦占飞、常庆瑞、刘京；第 6 章，常庆瑞、秦占飞；第 7 章，秦占飞、常庆瑞；第 8 章，秦占飞、刘京；参考文献，刘京、秦占飞、常庆瑞。参考的研究生学位论文主要如下：博士学位论文，秦占飞《西北地区水稻长势遥感监测研究》（2016 年）；硕士学位论文，章曼《基于高光谱遥感的水稻生长监测研究》（2015 年），严林《基于高光谱遥感的宁夏引黄灌区水稻生理生化参数研究》（2017 年），武旭梅《宁夏引黄灌区水稻生理生化参数高光谱估算研究》（2018 年）。

参加本著作基础工作的团队成员如下：作者，常庆瑞、秦占飞、刘京；团队核心研究成员，刘梦云、齐雁冰、高义民、陈涛、李粉玲；博士研究生，谢宝妮、赵业婷、申健、田明璐、郝雅珺、刘秀英、宋荣杰、王力、郝红科、班松涛、蔚霖、黄勇、塔娜、落莉莉、王琦；硕士研究生，刘海飞、马文勇、刘钊、王路明、白雪娇、张昳、侯浩、姜悦、刘林、李志鹏、孙梨萍、章曼、刘佳歧、张晓华、尚艳、王晓星、袁媛、楚万林、刘淼、于洋、高雨茜、解飞、马文君、殷紫、严林、李媛媛、孙勃岩、罗丹、王烁、李松、余蛟洋、由明明、张卓然、武旭梅、徐晓霞、郑煜、杨景、王婷婷、齐璐、唐启敏、王伟东、陈澜、张瑞、吴文强、高一帆、康钦俊。在近 10 年的田间试验、野外观测、室内化验、数据处理、资料整理、报告编写和论文撰写过程中，全体团队成员头顶烈日、冒着酷暑、挥汗如雨、风餐露宿、忘我工作、无怨无悔。在本书出版之际，对于他们的辛勤劳动和无私奉献表示衷心的感谢！

由于作者学术水平有限，加之遥感技术发展日新月异，新理论、新方法、新技术和新设备不断涌现，书中难免存在疏漏和不足之处，敬请广大读者和学界同仁批评指正，并予以谅解！

常庆瑞

2019 年初夏

于西北农林科技大学 雅苑

|目　　录|

第1章 水稻遥感监测试验设计与方法

水稻是世界三大粮食作物之一，全世界有超过35亿人以稻米为主食，确保水稻的高产稳产对世界粮食安全意义重大。水稻起源于中国，目前我国仍是世界上最大的稻米生产及消费国，水稻播种面积位居世界第二，总产量居世界之首，全国三分之二的人口以稻米为主食。近50年来，全国水稻年播种面积约占粮食作物种植面积的27%，而水稻年产量却占粮食总产量的43%左右，水稻消费量占粮食消费量的33%（王明华，2006；李波等，2008）。可见，水稻在我国农业生产中占有极其重要的地位。目前随着耕地面积日益减少，如何利用有限的土地资源获得水稻的优质高产就显得尤为重要。水稻的增产因素包括化肥使用量增加、水稻新品种的推广以及田间栽培管理水平的提升，其中氮素是水稻生长发育中最主要的影响因子，尽管氮肥的施用可以促进水稻的稳步增产，但由此带来的环境恶化问题也日趋凸显（吴麓，1979；赵英，1981；吕殿青等，1998；邵东国等，2015）。过量施用氮肥虽然在一定程度上增加了水稻的产量，但氮肥的过量投入并未形成等比例的水稻产出。过高的氮肥施用，不仅增加了生产成本，还造成了氮素利用率下降（张满利等，2010；剧成欣等，2013）。在我国，氮肥的施用量高居世界首位，远远高于欧美一些国家，而氮素的利用率仅为35%，仅为欧美国家的50%。过高的施用氮肥还会在不同程度上造成土壤酸化（李艾芬等，2014；于天一等，2014；周晓阳等，2015a，2015b；陈平平等，2015），并由此带来一系列的环境恶化问题。由此可见，合理施用氮肥，提高氮素利用率，不仅可以促进水稻优质高产的形成，还可以大大降低生产管理成本，减少环境污染。合理高效的施用氮肥是建立在对水稻生育期长势精确掌控基础之上的，而水稻生长发育的实时监测是精准农业迫切需要解决的关键问题，也是精准农业和现代农业的重要研究前沿。

水稻叶绿素含量、叶面积指数（leaf area index，LAI）和叶片氮含量（leaf nitrogen content，LNC）是对水稻长势进行评估的重要参数。而传统的测定方法大多基于田间采样和实验室化学分析，这种方法虽然可以对目标进行准确测定，但费时、费力，而且成本较高，往往具有破坏性，很难实现大区域范围的实时监测。近年来随着遥感技术特别是高光谱遥感技术的快速发展，使大面积快速、无损、实时监测作物生长状况及生理参数成为可能，从而为作物的长势无损监测提供了新的思路和技术支持。

本书旨在利用新兴的高光谱遥感技术实现西北地区水稻生理参数及长势的区域监测，建立行之有效的高光谱水稻长势监测技术体系。通过不同年份、不同生育期、不同氮素水平、不同生长环境的水稻田间试验，借助地面非成像光谱数据、低空无人机高光谱影像以及卫星影像数据获取不同遥感平台的水稻反射光谱特征，结合田间同步采样数据，综合运用光谱分析、遥感图像处理、数理统计以及参数成图等技术手段，通过寻找与水稻生理参数相关的特征波段及光谱植被指数，建立相应的估测模型，并将模型应用于遥感影像分析，实现西北地区水稻长势遥感监测。研究结果可为数字农业的信息快速采集提供有效技术途径，推动精准农业深入全面发展。

1.1　研究区概况

研究区位于宁夏回族自治区北部的河套平原，地貌类型为黄河冲积平原，地势平坦开阔，海拔1200m左右。属典型的温带大陆性气候，其主要特点是四季分明，春迟夏短，秋早冬长，昼夜温差大，雨雪稀少，蒸发强烈，气候干燥，风大沙多，无霜期较长等。该区年太阳辐射总量约6000MJ/m^3，年日照时数大约3000h，年均气温8℃左右，≥10℃的积温3200～3400℃，无霜期为150～190d。常年干旱少雨，年蒸发量1400mm，年均降水量仅200mm左右，降水主要集中在7～9月。水稻是宁夏当地主要作物之一，该区土地肥沃，水利资源丰富，沟渠纵横，引黄河水灌溉，为水稻的栽种提供了得天独厚的地理条件。

1.2　试　验　设　计

本研究试验包括小区试验和大田试验，具体分布如图1-1所示。小区试验布设在宁夏回族自治区青铜峡市叶盛镇宁夏农林科学院水稻示范基地。该基地位于东经106°11′35″，北纬38°07′26″。土壤为表锈灌淤土，有机质含量16.10g/kg，全氮0.90g/kg，全磷0.9g/kg，速效钾112mg/kg，pH 8.49，土壤容重1.40g/cm^3。试验地种植水稻品种为宁粳43号。

大田试验位于银川市贺兰县四十里店乡桂文村。试验所选用水稻品种为宁粳43号，供试土壤为表锈灌淤土，土壤有机质含量15.8g/kg、全氮含量0.94g/kg、碱解氮含量62.2mg/kg、有效磷含量15.94mg/kg、速效钾含量148.06mg/kg、pH 8.49，土壤容重1.40g/cm。

试验设计为碳氮交互试验，设置了4个碳素水平、3个氮素水平，共12个处理。3个施氮（纯N）水平：0、240kg/hm^2、300kg/hm^2，分别记为N_0、N_1、N_2；4个碳处理记为C_0、C_1、C_2、C_3，分别表示施生物质碳为0、4500kg/hm^2、

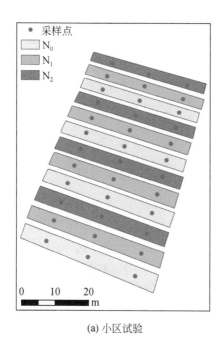
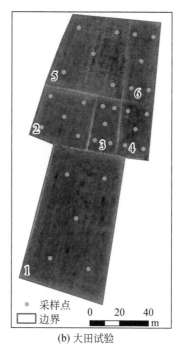

(a) 小区试验 　　　　　　　　　　(b) 大田试验

图 1-1　试验区位置图

9000kg/hm^2、13 500kg/hm^2，各小区面积 60m^2（10m×6m）［图 1-1（a）］。氮肥分 3 次施入，分别为基肥 60%、分蘖肥 20%、穗肥 20%，人为造成无肥、氮肥适中和氮肥过量 3 种情况。各小区磷、钾肥施用量相同，全部作为基肥。水稻的灌溉按照当地常规习惯进行，整个生育期间共灌水 18 次。本试验中使用的肥料为稻壳炭、尿素、重过磷酸钙和氯化钾。每个处理重复 3 次，共计 36 个小区。每个小区选择 2 个样点，共计 72 个样点进行田间观测和采样。具体施肥量如表 1-1 所示。

表 1-1　试验小区施肥参数

试验处理		生物质碳含量（kg/hm^2）	N 含量（kg/hm^2）	P 含量（kg/hm^2）	K 含量（kg/hm^2）
C_0	N_0	0	0	90	90
	N_1	0	240	90	90
	N_2	0	300	90	90
C_1	N_0	4 500	0	90	90
	N_1	4 500	240	90	90
	N_2	4 500	300	90	90

试验处理		生物质碳含量（kg/hm²）	N 含量（kg/hm²）	P 含量（kg/hm²）	K 含量（kg/hm²）
C₂	N₀	9 000	0	90	90
	N₁	9 000	240	90	90
	N₂	9 000	300	90	90
C₃	N₀	13 500	0	90	90
	N₁	13 500	240	90	90
	N₂	13 500	300	90	90

水稻大田共包括6块［图1-1（b）］，施肥和田间管理都按当地正常水平进行。采样点的布置：每块水稻大田设置5个采样小区，按图1-1（b）所示五个方位进行均匀布设，中间小区位于大田的几何中心，其余小区与中心小区大致距离相等。每个小区设置3个样点，中间样点位于小区几何中心，其余样点与中心点相距3.5m。对每个样点进行标记，以便后续连续观测。每次观测采集大田样品30个。

观测时间：2014年、2015年和2017年，选择水稻关键生育期进行田间观测采样。幼苗期（6月中旬），植株矮小，有3~5片叶，田内有水，无土壤裸露；分蘖期（7月上旬），叶鞘中有新分蘖的叶尖，田内有水，稍有裸露土壤；拔节期（7月中旬），植被特征表现为群体较小，田内有水，无裸露的土壤。抽穗期（7月下旬~8月上旬），植被盖度接近90%，基本无土壤裸露；乳熟期（8月下旬），叶片开始转黄，水稻种子颗粒饱满，籽粒呈绿色，与正常谷粒大小相同，谷粒中含白色乳状液体，稻田内无水，植被盖度接近90%，部分叶片开始枯黄，脱落；蜡熟期（9月中旬），谷粒由绿变黄，分蘖和叶片衰老，田内无水。

2014年田间观测采样时间分别为：拔节期（7月12日），抽穗期（8月12日），乳熟期（8月31日），蜡熟期（9月17日）。2015年田间观测采样时间分别为：幼苗期（6月11日），分蘖期（7月2日），拔节期（7月14日），抽穗期（7月31日），乳熟期（8月20日），蜡熟期（9月15日）。2017年水稻田间观测采样时间分别为：抽穗期（8月10日），乳熟期（8月25日）和蜡熟期（9月11日）。

观测内容：①水稻生理参数，包括叶面积指数（LAI）、叶绿素含量（SPAD值）、叶片氮含量（LNC）。②光谱反射率和高光谱影像，包括不同生育期水稻叶片光谱反射率、冠层光谱反射率，地面植株高光谱影像、地面冠层高光谱影像，无人机高光谱影像。

2015年水稻各生育期长势情况见图1-2。

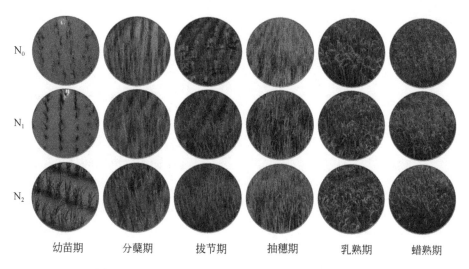

N_0
N_1
N_2

幼苗期　　　　分蘖期　　　　拔节期　　　　抽穗期　　　　乳熟期　　　　蜡熟期

图 1-2　2015 年不同生育期不同氮素水平水稻长势情况

样本数目说明：根据布点设置，2014 年每个生育期可获得小区样本 72 个，大田样本 25 个（因其中一块大田水稻出现病害，2014 年实测大田为 5 块）。因此 2014 年小区 SPAD 样本总计 288 个，大田 SPAD 样本 100 个；叶片氮含量和 LAI 样本数与 SPAD 相同。2015 年每个生育期可获得小区样本 72 个，大田样本 30 个，LAI 不包括幼苗期。因此 2015 年小区 SPAD 样本总计 432 个，大田 SPAD 样本 180 个；小区 LAI 样本 360 个，大田 LAI 样本 150 个。2017 年观测获得小区样本 216 个。

1.3　高光谱遥感简介

1.3.1　高光谱遥感基本理论

高光谱遥感（hyperspectral remote sensing，HRS）发展于 20 世纪 80 年代，它以测谱学为基础（童庆禧等，2006），利用很多很窄的电磁波波段（一般小于 10nm）从感兴趣的目标物获取相关光谱信息。高光谱遥感不仅具有较高的光谱分辨率（波段宽度小于 10nm），而且在 400～2500nm 内有几百个波段，使其具有较强的波段连续性。除此之外，加上光谱导数和对数变换，使其数据量成千上万倍增加。而传统多波段遥感波段宽度较大（一般大于 100nm），并且波段不连续，不能完全覆盖可见光至红外光的波段范围。高光谱遥感的这些优点使其能以足够的光谱分辨率对那些具有诊断性光谱特征的目标地物进行区分。

高光谱遥感需要搭载能够覆盖一定波段范围的非成像光谱仪和成像光谱仪作为传感器。借助非成像光谱仪在野外或实验室测量目标物的光谱反射特征，可以帮助人们理解目标地物的光谱特性，进而提高不同遥感数据的分析应用精度。目前较常用的地面非成像光谱仪有美国分析光谱仪器公司（ASD）生产的ASD 野外光谱辐射仪、美国 SVC（Spectra Vista Corporation）生产的 GER 系列野外光谱仪以及 SVC 系列光谱仪。而成像光谱仪综合了成像技术和光谱技术，具有"图谱合一"的优势。它不仅可以获得目标地物的二维空间信息，还可以同时记录目标物的光谱信息。与非成像光谱仪相比，成像光谱仪实现了从点到面的光谱测量。与多光谱遥感相比，高光谱遥感影像上的每个像元都包含一条连续而平滑的光谱曲线，很好地解决了以往"光谱不成像"及"成像无光谱"的问题。

高光谱数据具有光谱信息的连续性，能够充分获取目标地物的光谱特征，可以将多光谱遥感中无法识别的地物信息检测出来，从而实现光谱数据与目标地物的有效匹配，并将目标物光谱分析模型应用于整个遥感过程。高光谱遥感的这些特点改变了以往遥感以定性分析为目的，在光谱维度上实现空间信息展开并进行目标地物生理过程的定量分析（Thenkabail et al., 2001；Govender et al., 2007；Hatfield et al., 2008；Zheng and Moskal, 2009）。

1.3.2　植被高光谱遥感原理

在电磁波作用下，目标地物在不同波段会形成不同的光谱吸收和反射特征，以反映其内部的物质成分和结构信息。地物在不同波段表现出来的不同光谱响应特性称为光谱特性。地物的光谱特征是探测物质性质和形状的重要依据（赵英时，2013）。对于植物而言，不同的植物具有不同的形态特征和化学组成，这种差异使其发射和反射的电磁波也不尽相同，在光谱学中表现为不同植物的光谱特征也不相同，因此可以根据植被的光谱反射特征来反演其化学组成。而其化学组成受品种、生育期、发育状况、健康状况及生长条件的影响，因此，理论上可以通过植物的高光谱特征来反演其生理生化组分及含量、冠层结构以及植株长势等。

绿色植物的叶片在叶绿素的作用下大量吸收红光和蓝光，并被植物的光合作用所消耗，而绿光的部分被叶绿素反射，红外辐射主要受叶片栅栏组织的影响，在近红外波段形成一个高反射平台。通常情况下，绿色健康植被在 350～2500nm 波段具有以下典型反射光谱特征（图 1-3）。

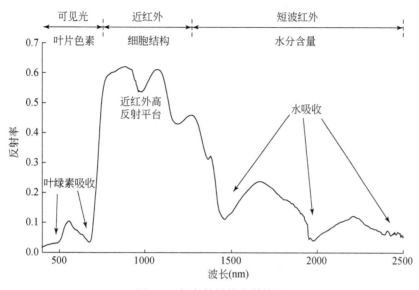

图 1-3 绿色植被的光谱特征

1) 在可见光的 350～700nm 波段，是叶绿素的吸收带。由于叶片的光合作用，红蓝光被强烈吸收，而绿光被强烈反射，在 550nm 附近形成一个小的反射峰——"绿峰"，因此健康植物一般呈绿色。叶绿素是植物活力的体现，当植物机能旺盛，营养充足时，叶绿素含量较高，此时的光合作用也较强，植物表现为明显的绿色。当植物遭受胁迫（如氮素、水分、重金属污染、病虫害等）时，植物体内因缺乏营养导致叶绿素含量减少，光合作用下降，此时，"绿峰"被削弱，植物也往往表现出黄色。因此，可以利用植物的这些光谱特征进行生理参数估测和营养胁迫的评估。

2) 在 700～1300nm 波段，受叶片细胞结构及多层叶片的多次反射影响，形成一个近红外平台。叶片的细胞结构影响单片叶子在近红外波段的反射率，而植株冠层结构影响叶片在近红外波段光谱反射的总次数，从而共同影响植被在近红外范围的光谱反射率。因此，覆盖度高、健康旺盛的植被在近红外波段的反射率较高；相反，当植物受到胁迫或衰老后，近红外波段的反射率就会降低。但需要注意的是，如果植被在遭受营养胁迫时失水过多，近红外波段的反射率反而会增大。

3) 在红光与近红外波段的过渡部分，由于叶绿素对红光的强吸收以及冠层对近红外光的强反射，形成一个反射率急剧上升的陡坡，称为"红边"（red edge position，REP）。"红边"是绿色植物独有的光谱特征，通常位于 680～760nm，与植物的生育期和体内组织成分密切相关。当植物长势旺盛，叶片叶绿素含量较高时，由于光合作用的增强，进而需要消耗更多的长波光子，导致红边向长波方向移动（Collins，1978），即"红边红移"。当植被遭受胁迫或逐渐衰老，叶片叶绿素含量较低时，由于光合作用减弱，植被"红边"表现出"蓝移"现象。因此，可以通过红边来对植被的生理参数及长势进行定量估测。

4）在 1300 ~ 2500nm，植被的光谱反射率主要受叶片含水量的影响，在 1450nm 和 1940nm 附近是水分的强吸收带，而其他物质（如蛋白质、木质素等）虽然在 1450 ~ 2450nm 存在吸收，但往往被水分的强吸收特征所掩盖。水分的这一吸收特征，使得 1300 ~ 2500nm 波段范围的光谱反射率与叶片含水量存在很高的相关性，植被光谱反射率随叶片含水量的增加而降低，而 1450nm 和 1940nm 更是进行叶片含水量反演的敏感波段。但在实际应用中，由于空气水分的影响，使得通过水分吸收波段反演叶片含水量的精度大大降低。

1.3.3 高光谱植被指数

植被的光谱信息主要通过植被的冠层光谱特性及其差异反映在高光谱遥感信息中。植被体内不同的组分及冠层不同的形态特征对应于不同的特征波段。如可见光范围的绿波段 520 ~ 590nm 对不同的植物类别反应敏感；红光范围 630 ~ 690nm 对不同的植被覆盖度和植被长势反应敏感。而近红外波段反射率主要受叶内细胞组织结构的影响；短波红外波段的反射率对叶内水分含量反应敏感。植被遥感不仅要区分植被类别，还要区分植被体内组分的差异，但是仅靠个别波段或多个单波段的光谱信息来反演植被信息往往具有一定的局限性。高光谱植被指数通过将光谱波段反射率经加、减、乘、除等运算，构建光谱波段的线性或非线性组合，从而以简单有效的形式实现作物长势信息的提取。应用最广泛的植被指数有归一化植被指数（normalized difference vegetation index，NDVI）、比值植被指数（ratio vegetation index，RVI）、差值植被指数（difference vegetation index，DVI）、垂直植被指数（perpendicular vegetation index，PVI）和土壤调整类植被指数，如土壤调节植被指数（soil-adjust vegetation index，SAVI）、转换型土壤调节植被指数（transformed soil-adjust vegetation index，TSAVI）和修正土壤调节植被指数（modified soil-adjusted vegetation index，MSAVI）等。借助高光谱植被指数估测作物生理参数时，光谱指数的选择依赖于所要估测的生理参数以及该参数的预期取值范围，并且还要具备影响冠层光谱反射率的外部因素的先验知识（Broge and Leblanc，2001）。

1.4 高光谱数据获取

1.4.1 非成像光谱测定

水稻冠层和叶片光谱采用美国 SVC 生产的 HR-1024i 便携式地物光谱仪测

定。SVC HR-1024i 是 2013 年在 SVC HR-1024 基础上研发而成的高性能地物光谱仪，具有轻便、光谱分辨率高、噪声低等优点，内置了 GPS 模块及高清 CCD 摄像头，不仅可以获得高光谱数据，还可以实时记录目标影像信息，便于对光谱数据的后期整理。光谱仪的波段值范围为 350～2500nm，其中 350～1000nm 光谱采样间隔为 1.5nm，光谱分辨率为 3.5nm；1000～1890nm 光谱采样间隔为 3.8nm，光谱分辨率为 9.5nm；1890～2500nm 光谱采样间隔为 2.5nm，光谱分辨率为 6.5nm。

　　冠层光谱测定选择在天气晴朗、无风或风速很小时进行，时间为 10:00～14:00（太阳高度角大于 45°）。测量时光谱仪视场角 25°，传感器探头垂直向下。在幼苗期和分蘖期为了减少稻田水对光谱的影响，使用光谱仪可选配件光线探头进行测定（图1-4），光线探头距水稻冠层垂直高度约 0.15m，其他生育期光谱仪距水稻冠层垂直高度约 0.80m。每次采集目标光谱前后都进行参考板校正，每个样本点以 10 个光谱为 1 个采样光谱，每次记录 5 个采样光谱，取平均值作为该样本点的光谱测量值。

图 1-4　水稻冠层光谱采集

　　叶片光谱测定在室内进行，采用 SVC 的可选配件辐照积分球，仪器内置光源，测定时避开叶脉，每个叶片选择上、中、下位置测定 3 次，每点以 5 个光谱为 1 个采样光谱，每次记录 3 个采样光谱，取平均值作为该叶片的光谱测量值。

1.4.2 高光谱影像获取

1.4.2.1 无人机高光谱影像获取

高光谱影像通过德国 Cubert 公司生产的 UHD185 无人机机载成像光谱仪获得。UHD185 机载高速成像光谱仪是一款全画幅、非扫描式、实时成像光谱仪，通过这款光谱仪，可在 1/1000s 内得到高光谱立方体，自动暗电流，直接获取反射率数据。采用独特的技术，建立画面分辨率和光谱分辨率之间的合理平衡，实现快速光谱成像而不需要扫描成像（如推扫技术）。UHD185 重量仅 470g，功耗15W。光谱范围 450～950nm，采样间隔 4nm，光谱分辨率 8nm，包含 125 个通道。UHD185 可以获得一幅 50 像素×50 像素的高光谱影像和一幅 1000 像素×1000像素的全色影像。

UHD185 高光谱成像系统的机载飞行平台为零度八旋翼无人机。该无人机配有完美匹配 UHD185 高光谱相机的专用碳素电机云台。飞行距离大于 3km，飞行时间大于 30min；飞行高度大于 400m；可预设航线，按照航线自主飞行，并具备自动返航功能；最大起飞重量 18kg，净载荷不小于 10kg。

无人机飞行试验的飞行高度 100m，航向重叠度 80%，旁向重叠度 60%。光谱仪镜头选择焦距 25mm，对应的视场角（field of view，FOV）约为 13°，在100m 飞行高度获得的高光谱影像的地面分辨率约为 32cm，全色影像的地面分辨率约为 1.6cm，每景影像的幅宽约为 16m。

1.4.2.2 水稻冠层及单株高光谱影像获取

水稻冠层及幼苗期单株高光谱影像采用美国 SOC（Surface Optics Corporation）生产的 SOC 710 VP 高光谱红外成像光谱仪测量。SOC 710 VP 可以在室外和室内获得光谱影像，内置 12-bit 动态范围的阵列成像 CCD，通过精确的出厂标定使所获得的数据精度非常高。采用内置扫描设计，可任意方向或垂直向下测量。SOC710 VP 采用双光路系统设计，可视化对焦，测量时可以直接预览目标区域图像；通过采集软件可以实时显示目标地物光谱曲线、灰度图像以及彩色合成图像。SOC 710 VP 还配备了美国国家标准与技术研究院溯源校准板，以确保所获得的高光谱数据的准确性。SOC 710 VP 的光谱波长范围为 400～1000nm，光谱分辨率4.68nm，波段数 128 个，成像分辨率 696 像素×520 像素。

对水稻冠层测量时，仪器镜头选择 23°，在自然光照条件下垂直向下拍摄，镜头距水稻冠层高度约 80cm，将标准灰板放于视场内，如图 1-5 所示。水稻单株幼苗测量时，将水稻幼苗采集后平放于黑布上，其他操作与冠层高光谱影像获取操作相同。高光谱影像获取后，采用自带的软件 SRAnal710 进行处理，包括暗电流校正、波长定标、辐射定标和反射率转换。在 ENVI 5.3 中通过 ROI 区域选取，采集叶片不同部位的光谱，如图 1-6 所示。

图 1-5　水稻冠层高光谱影像采集

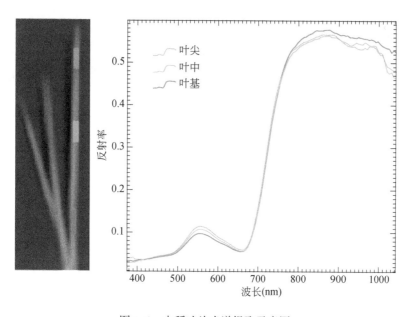

图 1-6　水稻叶片光谱提取示意图

1.5　水稻生理参数测定

1.5.1　叶绿素含量测定

叶片的叶绿素含量测定采用日本生产的 SPAD-502 进行。SPAD 是 soil and plant analyzer development（土壤、作物分析仪器开发）的缩写。由于叶片叶绿素主要吸收红光和蓝光，而对红外光极少吸收。根据这一原理，SPAD 仪借助透射方法即两个发光二极管向叶片的某一部位发射红光（峰值波长 650nm）和近红外光（峰值波长 940nm），利用两个波长下的光密度差别测量叶绿素的相对含量。SPAD 值无量纲，它与叶片叶绿素含量具有较高相关性，常用于表征叶绿素含量（Manetas et al., 1998；Hawkins et al., 2009；Li et al., 2009），也称绿色度。SPAD 仪读数范围在 0 ~ 99.9，通过数值的大小来定量描述叶片的绿色度，读数越高，叶绿素含量越大。对应于测定冠层光谱位置，采用 SPAD-502 测定水稻不同功能叶片的 SPAD 值 6 ~ 10 次，取其平均值作为该样本的 SPAD 值。

水稻幼苗单株叶片用 SPAD 仪测量时，分别对每片叶片分叶基、叶中、叶尖 3 个位置进行测定，每个部位重复测定 3 次，取平均值作为该部位的 SPAD 值。

1.5.2　叶面积指数测定

叶面积指数是作物长势监测中的重要参数，与作物的光合作用息息相关，直接影响作物干物质积累和最终产量。叶面积指数的测定分为直接测定和间接测定。直接测定精度较高，但具有一定的破坏性。间接测定方便快捷，无破坏性。本次试验的叶面积指数通过间接测定方法获得。采用英国 Delta 公司的 SunScan 冠层分析系统测定叶面积指数。SunScan 冠层分析系统不受天气条件限制，可以在大多数光照条件下进行测量。SunScan 冠层分析系统的测定原理为：根据冠层吸收的 Beer 法则（Beer's law for canopy absorption）、Wood 的 SunScan 冠层分析方程以及 Campbell 的椭圆叶面角度分布方程（Campbell's ellipsoidal LAD equation），使用光量子传感器来测量、计算和分析植物冠层截获和穿透的光合有效辐射及叶面积指数（Pfeifer et al., 2012；Liu et al., 2015）。

LAI 的测定与冠层光谱同步，光谱数据测定后，对应于测定冠层光谱的位置测定水稻冠层 LAI。测量时使 SunScan 冠层分析系统置于水稻冠层下，从垂直于水稻田垄方位开始每隔 45°测定一次，每个样本点测定 4 次，取其算数平均值作为该样本点的 LAI。

1.5.3　叶片氮含量测定

每个样本点采集不同部位的功能叶片 30 片左右，立即装入自封袋，带回实验室。首先将叶片在 105℃ 条件下杀青 30min，然后在 80℃ 条件下烘干至恒量，取出并研磨粉碎后采用凯氏定氮法测得水稻叶片氮含量。

1.6　研究方法与技术路线

1.6.1　高光谱数据处理

1.6.1.1　高光谱影像预处理

通过无人机平台采集高光谱影像数据时，由于各种因素影响，遥感图像存在一定的辐射失真和几何失真现象。这些失真，影响了图像的质量和应用，必须对其进行消除或减弱处理。

（1）辐射校正

遥感影像数据在获取过程中会受到传感器本身和大气对辐射传输的影响而存在辐射畸变。因此为了合适地利用高光谱遥感数据，便于定量比较高光谱遥感影像数据获取的光谱反射值和地面非成像光谱仪获取的实测光谱，一般认为应该进行辐射校正。辐射校正一方面可以去除大气的影响；另一方面可以将高光谱数据从传感器辐射值转变为表面反射率。理想情况下，应该使用标准参考板对光谱辐射计进行定标，与无人机高光谱成像系统在相同的大气条件下同步采集研究区域地物的光谱数据。

大气校正模型主要有统计学模型和基于大气辐射传输理论的模型。统计学模型主要有经验线性法、内部平均法、平场域法和对数残差法。目前，应用最多的大气辐射传输模型主要有 6S、MODTRAN、FLAASH 和 ACORN 等。

（2）几何校正

在无人机飞行过程中，由于平台位置和运动状态的改变以及地形起伏等因素的影响，遥感影像数据中存在着几何畸变，即遥感图像的几何位置发生了变化。为了便于比较野外地面位置 (x, y) 实测光谱反射值和影像中相同位置的高光谱数据，有必要将高光谱影像数据校正到已知的大地基准面和地图投影。基于地面控制点（ground control point，GCP）的多项式校正法常用于遥感图像的几何精校正。该方法回避成像的空间几何过程，直接对图像变形的本身进行数学模拟，把遥感图像的总体变形视为平移、缩放、旋转、偏扭、弯曲以及更高次的基本变形的综合作用结果。通过 GCP 数据模拟变形结果，用一个适当的一般多项式来描述校正前后图像同名点之间的坐标关系，多项式系数通常采用最小二乘法求解。另外，因为要处理很多的波段，所以重采样方法一般采用最近邻法。经过像素坐标变换和重采样两个过程后，即可将畸变图像校正到正确位置，实现几何精校正。

（3）图像镶嵌

由于 UHD185 获取的高光谱影像图幅较小（50 像素×50 像素），需要将具有地理参考的相邻图像合并成一幅足以覆盖研究区的图像，即图像镶嵌。该制图过程通过集合局部图像实现反映研究区整体状态的目标。参与镶嵌的局部图像需要经过几何校正，且必须具有相同的波段数量。图像镶嵌之前，需要确定基准图像，用以决定镶嵌图像的对比度以及地图投影、像元大小和数据类型。高光谱影像具有波段多、数据量大的特点，因此针对高光谱影像的镶嵌往往进行分块处理，以减少计算时间和内存消耗。实际应用中可以采用 ENVI 的无缝镶嵌工具实现镶嵌匀色和生成接边线功能。

1.6.1.2 光谱数据处理

（1）光谱平滑

光谱仪获得的光谱信号中既包含有用信息，同时还包含因传感器自身条件和环境背景的干扰带来的随机噪声，因此在光谱数据使用前需要进行降噪处理。光谱平滑是消除噪声最普遍的方法，其中又以 Savitzky-Golay 卷积平滑方法最为常用。Savitzky-Golay 滤波器（简称 S-G 滤波器），由 Savitzky 和 Golay 于 1964 年最先提出（Savitzky and Golay，1964），是一种时间域内基于多项式卷积方法的低通滤波器，在数据流平滑降噪中被广泛应用。数据平滑处理，可以将具有较大误差的数据予以剔除，通过这种方法，计算机只需借助小型程序充当一个滤波器，实现数据平滑并尽量保证不失真。相比其他滤波器，S-G 滤波器更加快速、简便，对极大值和宽度等分布特性的保留效果最好（Ruffin et al.，2008）。本研究借助挪威统计软件 The Unscrambler X 10.4，采用 S-G 滤波首先对水稻冠层光谱反射率数据进行平滑降噪后，再分析水稻冠层光谱反射率与生理参数的相关性。

（2）光谱微分技术

对光谱曲线进行微分或采用数学函数估算整个光谱上的斜率，由此得到的光谱曲线斜率称为微分光谱。微分过程可以使用三点拉格朗日公式，实际中常采用差分方式来近似计算，方法如下：

$$\rho'(\lambda_i) = [\rho(\lambda_{i+1}) - \rho(\lambda_{i-1})]/(2\Delta\lambda) \tag{1-1}$$

$$\rho''(\lambda_i) = [\rho'(\lambda_{i+1}) - \rho'(\lambda_{i-1})]/(2\Delta\lambda)$$
$$= [\rho(\lambda_{i+1}) - 2\rho(\lambda_i) + \rho(\lambda_{i-1})]/\Delta\lambda^2 \tag{1-2}$$

式中，λ_i 为每个波段的波长；$\rho'(\lambda_i)$、$\rho''(\lambda_i)$ 分别为波长的 λ_i 一阶和二阶微分光谱；$\Delta\lambda$ 是波长 λ_{i-1} 到 λ_i 的间隔。

微分光谱可以增强光谱曲线在斜率上的细微变化，迅速确定光谱弯曲点及最大、最小反射率的波长位置。对植被来说，这种变化与植被的生物化学吸收特性有关，如波段波长位置、红边参数等。微分光谱不能产生多于原始光谱数据的信息，但可以抑制或去除无关信息，突出感兴趣信息，如部分消除大气效应、消除植被光谱中土壤背景的影响，从而反映植被的本质特征。

微分技术对光谱信噪比非常敏感，随着微分阶数的增高，同时会引入噪声，降低信噪比。一般认为，可用一阶微分处理去除部分线性或接近线性的背景、噪声光谱对目标光谱（非线性）的影响。因此，在使用微分光谱技术前，有必要对光谱数据进行平滑处理。

1.6.1.3 植被指数

不同波段之间的多种组合称为植被指数，不同的植被指数反映出不同的植被信息。已有研究（王福民等，2007；姚霞等，2009；李鑫川等，2013；罗丹等，2016；陈召霞等，2016）表明，利用光谱数据的任意波段可以有效反映出大量的植被信息，监测植被生长。植被指数可以对植被的生理生化参量的营养状态进行诊断。本研究在植被指数的基础上通过自编程序在 Matlab 2014a 中构建基于任意波段组合的新型植被指数。

植被指数的表达式如表 1-2 所示。

表 1-2　植被指数的表达式

植被指数	表达式	参考文献
归一化植被指数（NDVI）	$\dfrac{R_i - R_j}{R_i + R_j}$	Rouse et al.，1974
差值植被指数（DVI）	$R_i - R_j$	Jordan，1969
比值植被指数（RVI）	$\dfrac{R_i}{R_j}$	Pearson and Miller，1972
修正植被指数（MVI）	$\sqrt{\dfrac{R_i - R_j}{R_i + R_j} + 0.5}$	McDaniel and Haas，1982

植被指数	表达式	参考文献
土壤调节植被指数（SAVI）	$\dfrac{(1+l)(R_i-R_j)}{R_i+R_j+l}$	Huete，1988
二次修正土壤调节植被指数（MSAVI2）	$\dfrac{1}{2}(2\,R_i+1-\sqrt{(2\,R_i+1)^2-8(R_i-R_j)}\,)$	Qi et al.，1994

注：R_i、R_j 分别代表 350～1500nm 任意波段反射率；l 为土壤调节系数。

1.6.1.4　参数成图技术

高光谱遥感影像使得研究作物生物理化参数在空间上的分布成为可能。利用高光谱遥感影像"图谱合一"的特点，影像上每一个像元都可以依据生物理化参数的估测模型，计算该像元的参数值。估测模型可以借助原始光谱或其变换形式（如微分变换、对数变换和光谱指数等）与生物理化参数的半经验统计关系而建立。下一步就是采用聚类或密度分割的方法将估测图分成若干级，从而得到作物生物理化参数的空间分布图，便于从空间上快速获取作物的长势信息。

1.6.2　建模方法

统计回归分析技术是高光谱反演作物生理参数最常用的技术，是研究一组随机变量 Y 相对于另一组随机变量 X 的变化关系。它以生理参数（如叶绿素含量、叶面积指数、氮含量、生物量、产量等）为因变量，以光谱数据及其变化形式（如原始光谱反射率，光谱反射率的导数变化、对数变化或光谱数据组成的光谱指数）为自变量，通过分析其变化规律与机理，构建基于高光谱数据的数学模型，对植被的生理生化参数进行理论估测。通常将样本分为两部分：一部分用来建立回归模型；另一部分用来检验回归模型的可靠性（浦瑞良和宫鹏，2000）。

1.6.2.1　传统回归分析方法

经典的回归模型包括单变量线性和非线性的拟合模型以及多变量线性模型，主要包括：

线性函数	$y=ax+b$	(1-3)
指数函数	$y=ae^{bx}$	(1-4)
二次多项式	$y=ax^2+bx+c$	(1-5)
对数函数	$y=a\ln x+b$	(1-6)

幂函数 $\qquad\qquad\qquad y=ax^b$ (1-7)

多元线性回归 $\qquad y=a+b_1x_1+b_2x_2+\cdots+b_kx_k$ (1-8)

式中，y 代表作物生理参数；x 代表光谱变量；k 为光谱变量数目；a、b 和 c 均为拟合系数。

1.6.2.2 偏最小二乘回归

偏最小二乘回归（partial least squares regression，PLSR）是一种新型的多元统计数据分析方法，可以同时实现典型相关分析、主成分分析以及多元线性回归分析。它主要研究的是多因变量对多自变量的回归建模，它通过从自变量中抽取相互独立的若干主成分来建立与因变量之间的关系，这些主成分既能很好地解释自变量的信息，又尽可能多地概括因变量信息。与传统多元线性回归模型相比，偏最小二乘回归较好地解决了自变量高度线性相关以及样本个数少于变量个数的问题。PLSR 模型中包含原有的所有自变量信息，更容易识别系统信息和噪声（甚至一些非随机性的噪声）。本研究中偏最小二乘回归借助软件 The Unscrambler X 10.4 实现。

1.6.2.3 支持向量机

支持向量机（support vector machine，SVM）是 Vapnik 等提出的一种用来解决分类和回归问题的机器学习方法，是建立在统计学习理论和结构风险最小化基础上的（Burges，1998）。它能够解决小样本的过学习问题、对非线性和高维模式的识别也具有一定的优势。支持向量机回归（support vector regression，SVR）包括线性支持向量机回归和非线性支持向量机回归两种。支持向量机回归的关键在于核函数的确定，通过核函数可以将低维的非线性问题转换为高维的线性问题，并且计算的复杂性和结果不受输入数据维数的限制，因此，SVR 可同时兼顾训练精度和泛化能力，使过拟合和高维数等问题可以得到较好解决。最小二乘支持向量机（LS-SVM）是 Suykens 等（2001）提出的一种改进的 SVM，该方法解决了 SVM 中复杂的二次优化问题，借助偏最小二乘线性系统作为损失函数来求解一组线性方程。与 SVM 相比，LS-SVM 运算速度有了显著提升（Suykens et al.，2002）。采用 LS-SVM 分析时，核函数的选择至关重要（Mehrkanoon and Suykens，2012；Mehrkanoon and Suykens，2015；Langone et al.，2015）。本研究采用 RBF 核函数：

$$K(x,y)=\exp\frac{-(x-y)^2}{2\sigma^2} \qquad (1-9)$$

式中，x 为输入向量；y 为 x 对应的目标值；σ^2 为 RBF 核函数参数。

LS-SVM 模型中核函数参数的不同设置会得到不同的结果，因此需要对参数进行优化。RBF 核函数的参数通过交叉验证确定。在进行交叉验证时采用分步格网搜索法以使搜索难度降低，并节省计算时间。即首先确定参数的大概取值范围，然后在这个范围内进行二次搜索，以此来确定最佳参数。本研究中 SVM 算法在 Matlab 2015b 中实现。

1.6.2.4　神经网络

神经网络（neural networks，NNs）是建立在非线性数学理论基础上，通过模仿人脑神经系统运行机制进行分布式并行运算处理的非线性系统，具有高度非线性与自适应等优点。

BP 神经网络（back propagation neural network，BPNN）是一种基于误差反向传播的多层前馈神经网络，包含输入层、隐含层（也称中间层）与输出层三个不同的数据层。BP 神经网络由信号正向传播与误差逆向传播两部分组成，其工作原理是：正向传播时，输入层中的数据经过隐含层逐级进行处理，在此过程中上层神经元会影响下层神经元的状态，最终传向输出层。若最终结果未达到输出层设定的期望，则转入逆向传播阶段，误差按照均方误差（mean square error，MSE）和梯度下降（gradient descent）方式通过隐含层向输入层进行逐层传递，实现对各层不同单元连接点权重的修正，最终达到网络输出值达到或接近期望输出值（Li et al.，2012）。本章采用典型三层 BP 神经网络，其结构如图 1-7 所示。

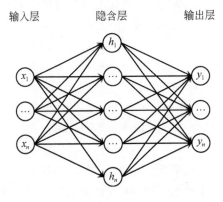

图 1-7　BP 神经网络结构

BP 神经网络使用过程中，隐含层节点数的确定是网络成功应用的关键。隐含层节点数过少，网络从训练样本中获取的有效信息难以满足需求；若节点数过多，则将急剧增加样本训练的时间，且造成网络的过度训练，容易出现"过度拟合"问题（吴昌友，2007；丁国香，2008）。本书中，隐含层节点数的选取采用经验公式：

$$k=\sqrt{m+n}+\alpha \tag{1-10}$$

式中，k 为隐含层节点数；n 为输入节点数；m 为输出节点数；α 为 ［1，10］ 中的任意整数。

本书 BP 神经网络算法在 Matlab 2014a 中实现，其中训练样本和检验样本与回归分析中样本保持一致。

1.6.2.5 随机森林

随机森林（random forest，RF）是一种基于分类树的机器学习算法，最早由 Leo Breiman 和 Adele Cutler 提出，可以用于分类和回归。随机森林回归能够有效分析非线性、具有共线性和交互作用的数据，并且不需要预先给定模型的数学形式假定（方匡南等，2011），功能强大且简单易用。同其他模型一样，随机森林可以解释若干自变量（X_1，X_2，$\cdots$，X_k）对因变量 Y 的作用，即建立多元非线性回归模型。如果因变量 Y 有 n 个观测值，有 k 个自变量与之相关，在构建回归树的时候，随机森林会运用自助（Bootstrap）重新抽样的方法随机地在原数据中重新选择 n 个观测值，其中有的观测值被选择多次，有的没有被选到，同时，随机森林会随机地从 k 个自变量中选择部分变量进行回归树节点的确定。这样，每次构建的回归树都可能不一样。一般情况下，随机森林随机地生成几百个至几千个回归树，然后求所有回归树的平均值作为最终结果（Breiman，2001）。在模型构建中，可通过改变回归树的数目和回归树每个节点自变量的个数来提高模型的估测精度。理论上，回归树的数目越多，模型的效果就越好，但是计算量也就越大，增加树的数量带来的效果提升程度是递减的，需根据实际情况对其进行合理设置。

本研究中随机森林算法通过 R 语言中的 RandomForest 软件包实现，RandomForest 软件包提供了判断自变量重要性的两个指标精度平均减少值（%IncMSE）和节点不纯度平均减少值（IncNodePurity），值越大说明自变量的重要性越强。在模型构建中，有两个影响模型精度的重要参数，即决策树（ntree）和分割变量（mtry），根据实际情况逐一尝试，本书中 ntree 统一设置为 5000，mtry 设置为自变量数目的 1/3。

1.6.3 模型检验方法

为了检验本书建立的水稻生理参数估测模型的可靠性，参照国内外常用的模型评价方法，使用以下指标来检验模型精度。

决定系数（coefficient of determination），用 R^2 表示：

$$R^2 = \frac{\sum_{i=1}^{n} (\hat{y}_i - \bar{y})^2}{\sum_{i=1}^{n} (y_i - \bar{y})^2}$$ (1-11)

均方根误差（root mean square error，RMSE）：

$$\text{RMSE} = \sqrt{\frac{1}{n} \times \sum_{i=1}^{n} (y_i - \hat{y}_i)^2}$$ (1-12)

预测相对误差（relative error of predication，REP）：

$$\text{REP} = \sqrt{\frac{1}{n} \times \sum_{i=1}^{n} \left(\frac{\hat{y}_i - y_i}{y_i}\right)^2} \times 100\%$$ (1-13)

式中，y_i 代表实测值；$\hat{y}_i$ 代表估测值；n 代表样本数；$\bar{y}$ 代表实测值的平均值。RMSE 和 REP 越小，模型精度越高。

1.6.4 技术路线

本研究主要运用遥感与 GIS 技术及数理统计方法，基于田间水稻试验和高光谱数据，对西北地区水稻长势进行监测研究，具体技术路线见图 1-8。

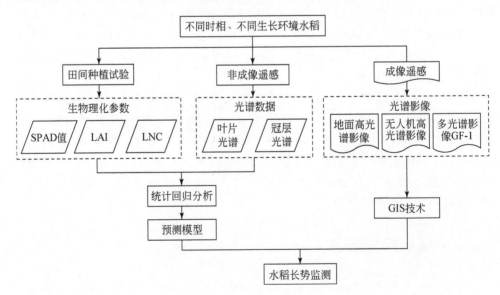

图 1-8　本研究技术路线

|第2章| 西北地区水稻的光谱特征

自然界中的地物以其固有的特性反射、吸收、透射和辐射电磁波，不同的地物对电磁波不同波段具有不同的辐射规律，这种特性称为地物的光谱特性。不同地物电磁波光谱特征的差异是遥感识别地物性质的基本原理。然而传统的遥感只是在较离散的波段，以较大的波段宽度（通常为 100~200nm 量级）来获取图像，这种遥感方式使得大量对地物识别有用的信息造成丢失（陈述彭，1998）。与传统遥感相比，高光谱遥感利用很多很窄的波段，以完整的光谱曲线将观测到的各种地物记录下来，使得在常规遥感中很难识别的地物，在高光谱遥感中得到有效的识别（童庆禧等，2006）。

地物光谱特征研究是高光谱遥感的基础，在高光谱遥感技术及其应用的发展中占有极为重要的地位。根据不同地物的光谱特性，一般将地物分为岩矿、植被、土壤、水体和城市人工目标五类（童庆禧等，2006）。而植被遥感特别是植被的高光谱特征是高光谱遥感研究的重要方面，植被的光谱特性受多种因素的影响，包括传感器、观测和光线照射角度、大气条件、生长环境及土壤背景、季节变化、植被冠层的生物物理性质以及植株营养物质的缺乏与否等。本章将根据水稻光谱的影响因素，对水稻不同组分的光谱特征和田间条件下的冠层光谱特征进行论述。

2.1 水稻叶片反射光谱特征

2.1.1 不同叶绿素含量水稻叶片反射光谱特征

植被在进行光合作用时，通过叶绿素将光能转化为化学能，为植被的生长发育提供必要的能量。叶绿素是植被进行光合作用的重要色素，同时也是植被生长发育的重要指示器。植被体内叶绿素含量的高低可以反映出植被的健康状况。同一生育期的植被叶绿素含量水平可能相差并不大，肉眼几乎难以观测，但是其差异在光谱上十分明显。

图 2-1 是同一生育期（以抽穗期为例）350~1500nm 内具有代表性的不同叶

绿素含量水稻叶片光谱，数据在室内条件下采用 SVC 光谱仪获取。由图 2-1 可知，不同叶绿素含量下水稻光谱曲线形状大体相同，但也具有明显的差异性。在可见光范围内，随着水稻叶片内叶绿素含量的增加，其光谱反射率差异明显，且表现出逐渐下降的规律。在可见光范围内叶绿素相对含量 SPAD 值从 31.00 升至 40.30、46.63，最大反射率（$\lambda = 550nm$）分别为 0.217、0.191、0.155。在近红外波段范围，随着叶片叶绿素含量的增加，光谱反射率有增大的趋势，在 770nm 处最大光谱反射率分别为 0.409、0.428、0.448。总而言之，随着叶绿素含量的增加，水稻叶片光谱表现出较强的规律性，在可见光范围内，光谱反射率随着叶绿素含量的增加而下降，主要是因为叶绿素含量增加，叶片对可见光蓝光和红光的反射减少，导致其在可见光绿光波段的"绿峰"峰值降低，而在近红外波段范围表现出相反的趋势。

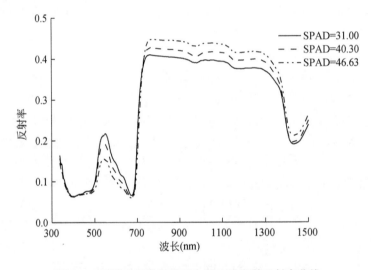

图 2-1　不同叶绿素含量下水稻叶片光谱反射率曲线

图 2-2 是在 SOC 成像光谱仪获取的高光谱影像上通过选择感兴趣区域得到的水稻在乳熟期的绿叶、黄叶及稻穗的反射率光谱曲线，其中绿叶和稻穗具有比较典型的绿色叶片的光谱特征。对于水稻绿色叶片而言，在可见光区域其光谱反射率主要由叶片内各种色素支配，这些色素包括叶绿素、类胡萝卜素和叶黄素等，其中叶绿素的影响最为重要。在蓝光和红光两个波谱带（中心波长分别为 450nm 和 650nm），叶绿素吸收大部分的入射光能（Gates et al., 1965），这是叶绿素的两个主要吸收带，在两个吸收带之间的绿光谱带（540nm 附近），叶绿素对光的吸收能力较小，反射能力较强，形成一个小的反射峰，即"绿峰"。在近红外区域，叶片的反射率主要受叶子内部细胞结构的影响（Gates et al., 1965;

Knipling，1970），叶片的光谱特征是反射率高（0.45～0.5），透射率高（0.45～0.5），吸收率很低（不到0.05）。稻穗的反射光谱曲线与绿叶的相似，由于水稻进入乳熟期后，稻穗开始变黄，因此其在绿光和红光区域的反射率较绿叶要高。对于水稻黄叶而言，已不具备绿色叶片典型的光谱特征，由于叶绿素的消失，此时叶黄素在叶子的光谱响应中占主导作用，在可见光波段，没有绿峰和红谷，在近红外波段的反射率也比较高。

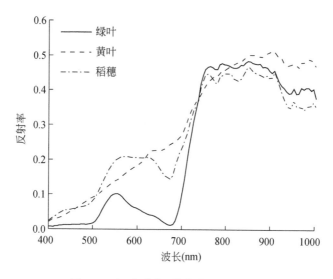

图 2-2　水稻不同组分光谱反射率曲线

2.1.2　不同土壤氮素水平水稻叶片反射光谱特征

图 2-3 是水稻抽穗期不同氮素水平叶片光谱特征，数据由 SVC 光谱仪在室内条件下获得。从图 2-3 中可以看出，N_0、N_1 和 N_2 3 种土壤氮素水平下水稻叶片在 550nm 附近的光谱反射率分别为 0.218、0.210 和 0.192。对所有生育期而言，水稻叶片的光谱反射率有一个共同特点，在可见光范围内，叶片的光谱反射率随氮素水平的增加而降低，主要因为氮素水平会影响叶绿素含量，氮素水平增加，叶绿素含量随之增加，叶片对红光和蓝光的吸收增加，相应反射率则降低。在近红外范围，叶片光谱反射率随氮素水平的增加而增加。可见氮素水平与叶绿素含量密切相关。

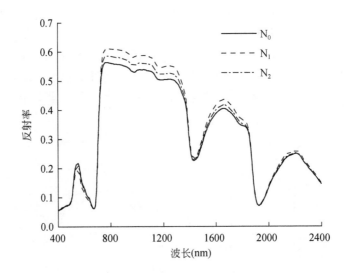

图 2-3　水稻抽穗期不同氮素水平叶片光谱反射率曲线

2.1.3　不同土壤碳素水平下水稻叶片反射光谱特征

图 2-4 为水稻抽穗期同一氮素水平不同碳素水平下叶片光谱反射率。随着碳素施用量的上升，叶片光谱反射率在近红外波段和可见光波段分别表现出类似的

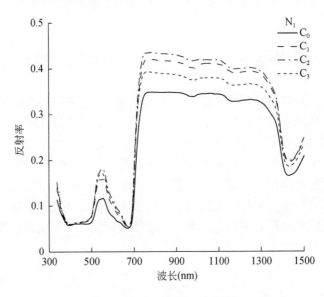

图 2-4　不同碳素水平下水稻叶片光谱反射率曲线

变化规律。以 N_1 氮素水平为例，可见光波段内，光谱反射率在 550nm 附近取得最大值，分别为 0.116 37、0.161 80、0.182 51、0.171 65，即从 C_0 到 C_2，碳素含量的上升会使光谱反射率增加，而从 C_2 到 C_3，碳素含量的上升会导致光谱反射率减小。近红外波段光谱反射率随碳素水平的变化规律与其在可见光波段的变化规律类似。

2.2 水稻冠层的波谱特性

2.2.1 不同生育期水稻冠层波谱特性

水稻的冠层光谱特征在田间试验下通过 SVC 光谱仪获得，在水稻生育期内特别是水稻生育初期，真实稻田条件下水层及土壤背景等对冠层的反射光谱有很大的影响。图 2-5 是水稻在 N_1 水平下不同生育期的光谱反射率曲线。由于在 1350 ~ 1480nm、1780 ~ 1990nm 和 2400 ~ 2500nm 大气水分的强烈吸收，水稻的冠层光谱在这三个波段范围内噪声非常大，需将这三个水汽波段剔除，因此使得田间水稻冠层光谱在这些波段范围不连续。由图 2-5 可知，在可见光区域，从幼苗期到抽穗期，随着水稻的不断生长，水稻分蘖增加并伴随新叶片的不断长出，叶面积指数持续增加，整个水稻群体的光合作用不断增强，这使得水稻叶片对红光和蓝光的吸收逐渐增加，相应的反射率逐渐减小，即"绿峰"峰值逐渐减小。

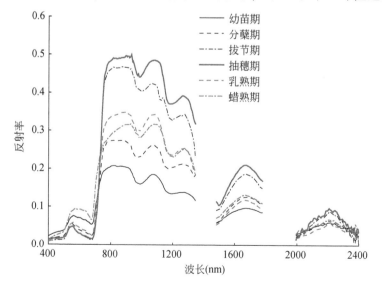

图 2-5 不同生育期水稻冠层光谱反射率曲线

在水稻抽穗发生后，叶片需要向穗部供给养分来维持稻穗的生长，这使得水稻冠层的整体叶绿素水平逐渐降低，此时叶片对红光和蓝光的吸收减少，相应的反射率开始上升。到乳熟期以后，由于水稻下部叶片已经开始衰老、枯萎甚至脱落，造成叶面积指数不断降低，绿色叶片继续向穗部转移营养物质，叶片叶绿素开始分解并逐渐转黄，冠层中的叶绿素水平迅速降低，红光和蓝光区域的反射率继续上升，因此到蜡熟期，水稻冠层光谱的反射率在可见光区域达到最大值，但此时红光和蓝光区域的反射率仍然比绿光区域的反射率小，在可见光区域仍然可见一个小的反射峰。

在近红外波段，从幼苗期开始，随水稻生育期的推进，叶面积指数不断增加，到抽穗期达到最大值，这个过程中，近红外波段的反射率持续增加，这是因为随着水稻叶面积指数的增加，水稻叶片层数增加，多层叶片能够在光谱的近红外波段产出更高的反射率，这种结果是由附加反射率造成的（黄敬峰等，2010）。因为太阳的辐射能量被最上层叶片透射后，继而被第二层的叶片反射，这一反射辐射能量最后又透过第一层叶片，最终使第一层叶片的反射能量增强。到乳熟期后，由于叶片向穗部供给营养物质，叶片内部组织结构发生改变，使得近红外区域的反射率开始逐渐降低，一直持续到水稻成熟。在短波红外区域，从水稻幼苗期开始到蜡熟期，其冠层光谱反射率总体变化趋势表现为缓慢增加，但增加幅度受水稻品种的影响（黄敬峰等，2010）。其他氮素水平也表现出了相同的规律。

2.2.2 不同叶绿素含量水稻冠层波谱特性

图 2-6 为抽穗期水稻不同叶绿素含量（SPAD 值）的冠层光谱反射率曲线。可以发现，不同 SPAD 值的冠层光谱与不同 SPAD 值的叶片光谱在可见光—近红外波段表现出相同的规律性，其中不同 SPAD 水平的冠层光谱差异更为明显。

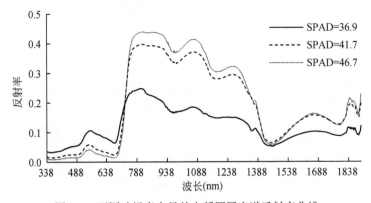

图 2-6　不同叶绿素含量的水稻冠层光谱反射率曲线

2.2.3 不同叶面积指数水稻冠层波谱特性

图2-7反映了水稻在抽穗期内不同LAI下冠层光谱反射率曲线，不同LAI下水稻冠层光谱的反射率差异明显。

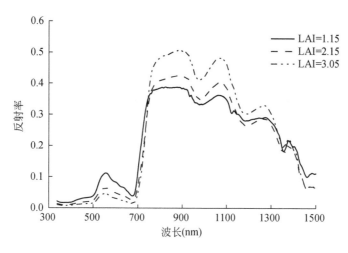

图2-7 不同LAI下水稻冠层光谱反射率曲线

在低LAI下，水稻在可见光波段的反射率要明显高于中、高LAI下的反射率，而在近红外波段要低于中、高LAI下的反射率。LAI在1.15、2.15和3.05三个水平下，水稻冠层光谱在可见光波段内的最高反射率分别为0.111 14、0.064 53和0.046 03，LAI的提高降低了"绿峰"的峰值，同时提高了近红外波段反射平台的反射率，其中，LAI从2.15上升到3.05时，上涨幅度最大，达到19.10%。总体变化规律为：水稻冠层光谱反射率在可见光波段随着LAI的增加而降低；在近红外波段则表现出相反的趋势。形成这种差异的原因是随着水稻群落LAI的增加，总体的叶绿素含量也会相应增加，对可见光波段红光和蓝光的吸收能力增强，相应的反射率下降。

2.2.4 不同LNC水稻冠层波谱特征

图2-8反映了抽穗期水稻在不同LNC下的冠层光谱反射率曲线。可以发现，在可见光波段的350～730nm，LNC越大，冠层光谱反射率越低，原因在于氮素含量与叶绿素含量呈正相关。在730～1300nm，LNC越大，冠层光谱反射率越高，原因在于氮素含量越高，水稻生物量、LAI和冠层水分含量越高，冠层光谱

在近红外波段的反射率越高。

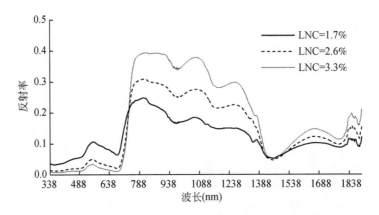

图 2-8　不同 LNC 下水稻冠层光谱反射率曲线

2.2.5　不同土壤氮素水平水稻冠层波谱特性

图 2-9 反映了水稻在拔节期不同土壤氮素水平下冠层光谱特征的变化规律。

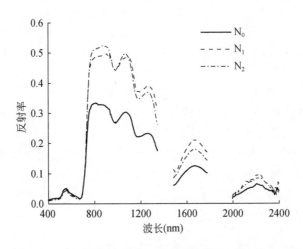

图 2-9　不同土壤氮素水平下水稻冠层光谱反射率曲线

不同氮素水平下水稻冠层光谱的反射率差异明显，在 N_0 即缺氮水平下，水稻在近红外波段的反射率要明显低于 N_1 和 N_2 水平的反射率，而在可见光波段要高于 N_1 和 N_2 水平的反射率。N_0、N_1 和 N_2 三个氮素水平下，水稻冠层光谱在 550nm 附近的反射率分别为 0.050、0.047 和 0.045，即氮素水平的提高显著削弱了"绿峰"峰值，同时使近红外波段的反射平台增加。总的变化规律为：水稻冠层光谱反射率在可见光波段随氮素水平的增加而降低；在近红外波段则表现为相反的趋势。造成这种差异的原因是叶面积指数和冠层叶绿素的含量水平会随氮素水平的增加而增加，其他生育期也表现出了相同的规律。

2.2.6 不同碳素水平水稻冠层波谱特性

图 2-10 为水稻抽穗期不同氮素水平不同碳素水平下冠层光谱反射率曲线。

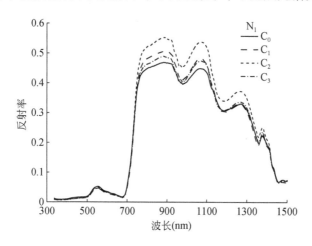

图 2-10 不同碳素水平下水稻冠层光谱反射率曲线

由图 2-10 可知，同一氮素、不同碳素水平下水稻冠层光谱曲线表现出一定的规律性。可见光波段范围内，随着碳素水平的上升，其光谱反射率逐渐降低，但下降趋势不明显，且总体反射率均偏低。在近红外波段范围，冠层光谱反射率随着碳素使用量不断增加，但当碳素使用量超过 C_2 时，即 C_3 处理时，其反射率相对于 C_2 处理和 C_1 处理出现下降趋势，在 N_0、N_1 和 N_2 三个不同碳素水平下 C_3 处理比 C_2 处理的反射率分别下降了 17.70%、11.38% 和 10.31%。总的变化规律为：水稻冠层光谱在可见光波段范围内随着碳素水平的增加变化不明显；在近红外波段范围内变化显著，但是当碳素水平达到一定程度后，其光谱反射率将呈现减小的趋势。

2.3 水稻冠层光谱的红边特征

"红边"是健康绿色植物所特有的光谱特征，也是区别于岩矿、土壤、水体和城市人工目标物的主要光谱特征。通过计算水稻冠层光谱的一阶导数，在此基础上提取水稻冠层光谱的"红边"参数。"红边"参数包括红边位置 λ_r、红边面积 SD_r 和红边幅值 D_r。红边位置定义为红光波段内（680～760nm）反射光谱的一阶微分最大值所对应的光谱位置。红边面积是 680～760nm 光谱反射率一阶导数光谱曲线与横坐标包围的面积。红边幅值是红光范围一阶导数光谱的最大值。红边参数的计算公式分别为

$$D_r = \max\left[D(\lambda)_{\lambda=680\sim760nm} \right] \tag{2-1}$$

$$SD_r = \int_{680}^{760} D(\lambda)\, d\lambda \tag{2-2}$$

式中，D_r 为红边幅值；SD_r 为红边面积；$D(\lambda)$ 为 λ 处的光谱反射率一阶导数。

2.3.1 不同生育期水稻冠层红边特征

以土壤 N_1 水平为例，水稻冠层的一阶微分光谱如图 2-11 所示，在红光范围内存在明显的"双峰"或"多峰"现象，与田永超等（2009）研究结果一致。在水稻幼苗期，由于植被覆盖度低，冠层光谱反射率受土壤背景的影响严重，"双峰"现象并不明显，随着水稻的不断生长，植被覆盖度增加，土壤背景的影响减少，"双峰"现象逐渐明显。在整个生育期内水稻冠层反射光谱的"红边"位于 690～740nm，从幼苗期到抽穗期，水稻"红边"向长波方向位移，从700nm 右移到737nm，原因在于水稻植被覆盖度增加，叶绿素含量提高，这使得

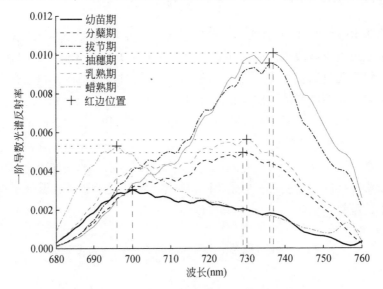

图 2-11　不同生育期水稻冠层光谱的红边特征

水稻叶片光合作用增强，继而需要消耗更多的长波光子（Collins，1978）。从乳熟期开始，植被覆盖度降低，叶片逐渐转黄，叶绿素含量出现衰减，此时水稻"红边"出现在 730nm，到蜡熟期，水稻下部叶片开始枯萎脱落，叶片叶绿素开始分解，冠层叶绿素水平迅速下降，此时红边位于 696nm，从乳熟期开始，水稻冠层光谱的"红边"表现出一定程度的"蓝移"现象。

2.3.2 不同土壤氮素水平水稻冠层红边特征

不同氮素水平下水稻冠层光谱的"红边"特征如图 2-12 所示。由于水稻叶面积指数和叶绿素含量均随氮素水平的增加而增加，因此随着氮素水平的提高，水稻冠层结构发生变化，植株光合作用增强，对长波光子的消耗增加，从而引起水稻"红边"位置发生"红移"。N_0、N_1 和 N_2 三种氮素水平下水稻"红边"位置分别为 730nm、737nm 和 739nm（图 2-10，以抽穗期为例）。

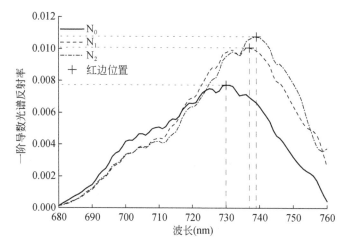

图 2-12 不同氮素水平下水稻冠层光谱的红边特征

水稻冠层光谱不同生育期、不同氮素水平下红边幅值和红边面积变化分别如图 2-13 和图 2-14 所示。

由图 2-13 和图 2-14 可见，红边幅值和红边面积均受氮素水平的影响，在各生育期均随施氮量的增加而增加。红边幅值和红边面积与红边位置表现出一致的变化规律，从幼苗期到抽穗期逐渐增加，在抽穗期达到最大值，进入乳熟期后，红边幅值和红边面积均有所减小，表现出"蓝移"现象。拔节期和抽穗期红边幅值和红边面积的差异不明显，N_1 和 N_2 水平二者的差异也不明显。

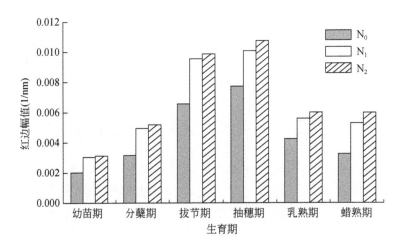

图 2-13　不同生育期不同氮素水平下水稻冠层光谱的红边幅值

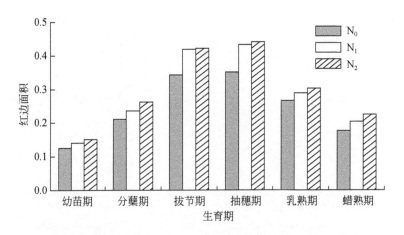

图 2-14　不同生育期不同氮素水平下水稻冠层光谱的红边面积

　　对土壤不同碳素含量的水稻叶片和冠层反射光谱特征及红边特征进行分析，结果表明不同施碳水平对其影响较小，没有显著差异，且未表现出一定的规律性。鉴于生物质碳在改良土壤质量、减少氮素流失和温室气体减排方面的积极效应，理论上，不同施碳水平将对作物产生一定的影响，但具有滞后性，具体规律尚需进一步的试验。

2.4 讨论与结论

2.4.1 讨论

水稻的冠层光谱反射率受生育期和氮素水平的影响表现出一定的变化规律,水稻抽穗期冠层光谱在 550nm 附近反射率最低,即"绿峰"峰值最低,而近红外波段的平台最高。在蜡熟期"绿峰"峰值最高,近红外波段的平台最低。对比水稻叶片水平和冠层水平的光谱反射率曲线可以发现,叶片水平的反射率要整体高于冠层水平的反射率。就水稻光谱的红边特征而言,西北地区水稻与南方稻田基本相似,均具有"双峰"或"多峰"现象,且"红边"均在抽穗期前表现为"红移",而在抽穗期后发生"蓝移"。水稻的这些光谱特征,是高光谱反演水稻生理参数的基础,也正是这些特征的存在,才使借助高光谱手段反演水稻的生理参数成为可能。

2.4.2 结论

本章根据实测的光谱数据分析了水稻不同组分和冠层的光谱特征,探索了水稻光谱随生育期和氮素水平的变化规律和红边特征。得到如下结论。

1)不同叶绿素含量的叶片和冠层光谱在可见光—近红外波段表现出相同的规律性,SPAD 值越大,可见光波段光谱反射率越低,近红外波段光谱反射率越高。不同叶面积指数的冠层光谱在可见光波段差异不明显,在近红外波段表现为光谱反射率随 LAI 的增大而显著增高。冠层光谱随 LNC 的变化规律表现为:LNC 越大,可见光波段光谱反射率越低,近红外波段光谱反射率越高。

2)从抽穗期到蜡熟期,随着生育期的推进,水稻叶片与冠层光谱表现出相同的变化规律,即可见光波段的光谱反射率逐渐升高,近红外波段的光谱反射率逐渐降低。从抽穗期到蜡熟期,叶片和冠层光谱红边位置均表现出一定程度的"蓝移",红边面积先增大后减小,叶片光谱红边幅值逐渐增大,冠层光谱红边幅值逐渐减小。

3)水稻叶片和冠层光谱均在可见光波段表现为随施氮量的增加光谱反射率降低,在近红外区域表现出相反的趋势。水稻叶片和冠层光谱的红边特征随施氮量的增加表现出相同的变化趋势,红边位置表现出明显的"红移",红边幅值、红边面积逐渐增大。

第 3 章 | 水稻叶绿素含量高光谱估测模型

叶绿素是评价植物生理状态的重要指标，是植物光合作用中主要的光能吸收物质，其含量水平的高低将直接影响植物光合作用的强弱，其在叶片中的变化情况可用来评价植物发展、衰老、营养、人为或是自然的环境胁迫（如缺氮、缺水、重金属污染等）及病虫害等。叶绿素含量水平与植物的生长发育期及氮素水平有很好的相关性，是植物长势评价的重要指标。因此，水稻叶绿素含量水平的估测可作为评估水稻生长、发育状况及产量高低的有效方法。健康绿色植物的光谱反射率在可见光波段受叶绿素的影响，而在近红外波段主要由叶片结构及纤维素等支配。鉴于此，可用植物的冠层反射光谱来估算叶绿素含量（Blackburn，1998；Lichtenthaler et al.，1996）。高光谱遥感具有光谱分辨率高、波段多且连续性强等优点，这使得微弱的光谱差异在高光谱遥感中可以被监测出来（Wu et al.，2008；Xue and Yang，2009；Yu et al.，2015）。利用高光谱遥感来监测叶绿素含量不仅可以大面积快速进行，而且具有无破坏性采样、及时和信息转化方便的特点。目前借助高光谱来估测叶绿素含量大多通过选择与叶绿素相关性较好的特征波段或光谱指数，通过回归分析方法来构建叶绿素估测模型（陈兵等，2013；黄春燕等，2009；鞠昌华等，2008；宋开山等，2005）。

近年来，随着高光谱成像技术的发展，图像信息在光谱维度展开，高光谱成像不仅可以获得图像上每个像元点的光谱数据，还可以获得任意一个波段的影像信息，实现图谱合一。本章借助非成像光谱仪 SVC 获得的高光谱数据，建立水稻叶绿素的高光谱估测模型，然后借助成像光谱仪 SOC 获得的水稻幼苗期单株高光谱影像，制作水稻幼苗期单株叶绿素 SPAD 值填图。对于准确、动态地获取叶绿素含量及其变化信息以及实施精确农业有重要的指导作用，对于生态系统的定量评估及可持续发展研究也具有重要的意义。

3.1 水稻叶片 SPAD 值的基本特征

2014 年和 2015 年水稻叶片 SPAD 观测值的统计结果见表 3-1。其中建模样本为 2015 年 6 个生育期的小区观测数据，检验样本包括两部分，分别为 2015 年与小区同期观测的大田数据和 2014 年 4 个生育期的小区观测数据。

表 3-1　2014 年和 2015 年水稻叶片 SPAD 值统计结果

生育期	2015 年小区建模样本			2015 年大田检验样本			2014 年小区检验样本		
	最大值	最小值	平均值	最大值	最小值	平均值	最大值	最小值	平均值
幼苗期	37.1	15.8	29.4	39.0	15.6	30.4			
分蘖期	43.3	26.3	37.4	41.7	27.8	36.5			
拔节期	47.6	33.2	40.4	43.4	34.4	37.3	45.5	31.7	40.6
抽穗期	54.6	35.1	42.6	50.3	35.4	39.4	52.7	32.4	41
乳熟期	40.8	27.9	31.2	39.8	27.6	30.7	41.6	28.7	33.4
蜡熟期	27.9	11.3	17.3	25.3	12.4	18.2	28.2	10.5	18.6
全生育期	54.6	11.3	33.1	50.3	12.4	32.1	52.7	10.5	33.4

由表 3-1 可以看出，对全生育期而言，建模样本的最大值为 54.6，最小值为 11.3，大田检验样本的最大值为 50.3，最小值为 12.4，2014 年小区检验样本的最大值为 52.7，最小值为 10.5。建模样本和检验样本的最大值和最小值分别出现在抽穗期和蜡熟期。

2017 年水稻田间试验小区叶片 SPAD 值观测数据统计结果见表 3-2，其中每个生育期 72 个样点数据，将每期数据随机分为两组，48 个作为建模样本，24 个作为检验样本；三个生育期的建模样本汇总作为全生育期的建模样本，检验样本汇总作为全生育期的检验样本。由表 3-2 可以看出，从抽穗期到蜡熟期，水稻叶片 SPAD 值越来越小；建模样本的 SPAD 值为 7.50 ~ 47.53，检验样本为 12.90 ~ 46.50，建模样本和检验样本的最小值和最大值都分别出现在蜡熟期和乳熟期；对三个生育期而言，蜡熟期样本的变异程度最大，乳熟期次之，抽穗期最小。

表 3-2　2017 年水稻叶片 SPAD 值统计结果

生育期	样本	个数	最小值	最大值	平均值	标准差	变异系数
抽穗期	建模样本	48	34.00	47.30	41.29	3.84	0.09
	检验样本	24	35.67	46.30	40.57	2.97	0.07
乳熟期	建模样本	48	23.93	47.53	35.94	5.42	0.15
	检验样本	24	29.13	46.50	37.82	4.86	0.13
蜡熟期	建模样本	48	7.50	37.03	25.71	6.94	0.27
	检验样本	24	12.90	36.00	24.32	6.23	0.26
全生育期	建模样本	144	7.50	47.53	34.35	8.47	0.25
	检验样本	72	12.90	46.50	34.17	8.68	0.25

综上所述，本研究中水稻 SPAD 值建模样本的最大值和最小值的区间分布比较合理，区间跨度相对较大，在一定程度上保证所建立的水稻 SPAD 值估测模型的适用范围；检验样本的数据区间范围与建模样本大体相近，能够最大限度地检验所建立的模型的可靠性。

图 3-1 为不同生育期不同施氮水平下水稻叶片 SPAD 值。由图 3-1 可以看出，整个生育期内，水稻 SPAD 值差异明显，并表现出先升高后降低的趋势。随着水稻植株的不断生长，水稻 SPAD 值逐渐增加，在抽穗期达到最大值，从乳熟期开始由于叶片不断向穗部供给营养物质，叶绿素逐渐分解，水稻 SPAD 值持续降低，直到水稻籽粒成熟。各生育期内，水稻 SPAD 值均受氮素水平的影响，表现为随氮素水平的增加而增加。

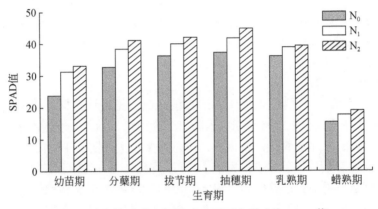

图 3-1　不同生育期不同氮素水平下水稻叶片 SPAD 值

3.2　水稻叶绿素含量普通回归模型估测

3.2.1　基于特征波段的水稻叶绿素含量估测

3.2.1.1　水稻 SPAD 值与光谱反射率及导数光谱的相关性

由于植物中的叶绿素含量主要是在可见光谱段内对植物光谱特性起支配作用，所以本次研究试验选取的波长范围是 400~1000nm。将水稻冠层光谱原始反射率及一阶导数分别与 SPAD 值进行相关分析，得到 400~1000nm 波段范围的相关系数图，见图 3-2。

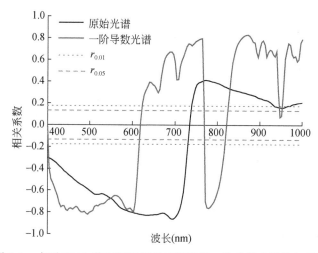

图 3-2　水稻 SPAD 值与冠层原始光谱及其一阶导数光谱的相关性

从图 3-2 可以很明显地看出光谱反射率及其一阶导数与 SPAD 值的相关系数随波段的变化情况。从原始光谱与 SPAD 值的相关性可以看出相关系数的数量级和相关性较高的波段范围都与陈兵等（2013）、黄春燕等（2009）、鞠昌华等（2008）、宋开山等（2005）的研究结果相似，即在可见光波段的 400～734nm 二者呈负相关关系。在近红外波段二者正相关且相关系数较低，原因在于近红外波段主要受叶片内部结构影响，因此对叶绿素含量的变化不敏感。具体表现为：在 400～1000nm 波段，水稻原始光谱反射率与 SPAD 值的相关系数介于 -0.86～0.41，其中 400～730nm、742～954nm 波段范围相关系数达过了 0.01 的显著性水平。在可见光波段的 400～734nm，二者呈负相关关系，且随着波长的增加，相关性不断增强，约在 698nm 附近达到最大值，这与金震宇等（2003）的研究结果一致。从 698nm 至 734nm，二者负相关系数骤降为零，其后波段二者呈现正相关关系，约在 744nm 处正相关系数达到最大值，约为 0.41。从 744nm 至 1000nm 二者一直保持正相关关系，约在 954nm 附近正相关系数有所降低。与原始光谱反射率相比，光谱一阶导数与 SPAD 值的相关性更强，而且相关系数较高的波段宽度相对较窄。在 500nm、600nm 和 780nm 附近，光谱一阶导数与 SPAD 值具有较高的负相关系数。在 760nm 以及 864nm 附近，光谱一阶导数与 SPAD 值的正相关系数均达到 0.8 以上。

3.2.1.2　基于特征波段的 SPAD 值估测模型及检验

基于特征波段的 SPAD 值模型按照两种方案来构建：①选择原始光谱相关性最好的 698nm 处的光谱反射率 R_{698} 构建单变量线性回归（linear regression，LR）

模型；②选择光谱反射率一阶导数中与 SPAD 值相关性较好的波段 D_{500}、D_{600}、D_{760} 和 D_{864} 来构建逐步多元线性回归（multiple linear regression，MLR）模型，如果变量进入回归方程 F 的概率小于 0.05，则进入，如果变量进入回归方程 F 的概率大于 0.10，则剔除（D_{864}）。具体模型见表 3-3。

表 3-3　基于特征波段的 SPAD 值模型参数

模型	表达式	R^2	RMSE	Sig.
LR	$y = -160.05R_{698} + 48.74$	0.642	6.12	0.001
MLR	$y = -30\,184.16D_{600} - 18\,336.667D_{500} + 1\,274.39D_{760} + 36.23$	0.667	5.98	0.000

通过表 3-3 可以看出，基于原始光谱反射率 R_{698} 的线性模型，估测模型的决定系数（R^2）为 0.642，RMSE 为 6.12，且达到了 0.01 的显著性水平。以光谱反射率一阶导数建立的多元线性回归模型估测的决定系数（R^2）比原始光谱的线性模型略高，RMSE 也较小，但模型的系数较大。分别采用 2014 年的小区试验数据和同一时期的大田数据对两个模型进行检验，检验结果见图 3-3。

由图 3-3 可以看出，基于原始光谱 698nm 反射率建立的 LR 模型对小区检验样本的估测决定系数（R^2）为 0.578，RMSE 为 6.06，REP 为 13.2%，4 个生育期的样本散点较均匀分布于 1∶1 线上下，但偏离较远，总体精度不高，尤其对蜡熟期水稻 SPAD 值估测效果较差。大田检验样本中，LR 模型会对大多数样本造成过高估计，大部分样本的散点位于 1∶1 线上，大田的估测效果较小区差。对于基于一阶导数建立的 MLR 模型，不管是小区还是大田检验样本，模型的整体估测效果都有所提高，但效果不是很明显。MLR 依然会对大多数的大田样本造成过高估计。

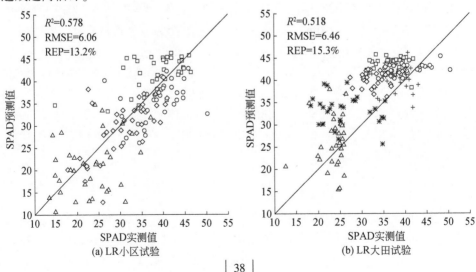

(a) LR小区试验　　　　　(b) LR大田试验

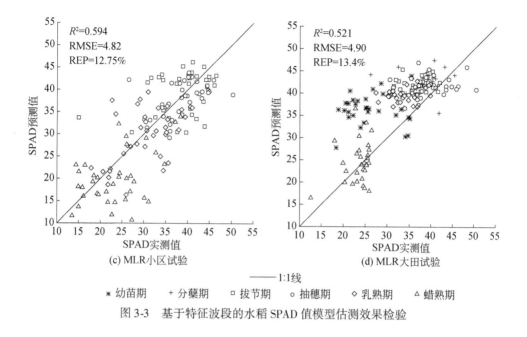

——— 1:1线

＊ 幼苗期　　　＋ 分蘖期　　　□ 拔节期　　　○ 抽穗期　　　◇ 乳熟期　　　△ 蜡熟期

图 3-3　基于特征波段的水稻 SPAD 值模型估测效果检验

3.2.2　基于光谱反射率参数的水稻叶绿素监测

3.2.2.1　SPAD 值与光谱反射率参数的相关性分析

本节选取拔节期、抽穗期、灌浆期的水稻原始光谱反射率参数与相对应的 SPAD 值进行相关性分析（表 3-4）。

表 3-4　水稻 SPAD 值与光谱反射率参数的相关系数（$n=36$）

类别	光谱特征变量	拔节期	抽穗期	灌浆期
基于光谱位置变量	λ_g	−0.6240 **	−0.6958 **	−0.7069 **
	R_g	−0.5787 **	−0.7208 **	−0.8269 **
	λ_v	−0.2873	−0.2801	−0.0871
	R_v	−0.5978 **	−0.7609 **	−0.8306 **
基于光谱面积变量	S_{R_g}	−0.5800 **	−0.7135 **	−0.8190 **
	S_{R_v}	−0.5971 **	−0.7686 **	−0.8455 **
基于光谱植被指数变量	S_{R_g}/S_{R_v}	0.5405 **	0.6840 **	0.7099 **
	$(S_{R_g}-S_{R_v})/(S_{R_g}+R_v)$	0.5747 **	0.6647 **	0.7192 **

** $p<0.01$。

从表 3-4 中可以看出，在光谱反射率参数中基于光谱位置变量的 λ_g、R_g、λ_v、R_v 以及基于光谱面积变量的 S_{R_g}、S_{R_v} 与拔节期、抽穗期和灌浆期的水稻 SPAD 值均是负相关，除了各个生育期的 λ_v 外，其余的光谱特征变量与 SPAD 值这二者之间的相关性都通过了极显著的检验水平；对所有的光谱反射率参数进行比较可以发现，λ_v 与水稻各个生育期的 SPAD 值之间的相关系数最低，在抽穗期和灌浆期的 S_{R_v} 与水稻的 SPAD 值之间的相关系数最高，分别为 $-0.768\,6$ 和 $-0.845\,5$。拔节期、抽穗期和灌浆期的水稻 SPAD 值与 S_{R_g}/S_{R_v}、$(S_{R_g}-S_{R_v})/(S_{R_g}+S_{R_v})$ 均呈极显著正相关，且相关系数的值相对较高。

3.2.2.2　基于光谱反射率参数的 SPAD 值估算模型

在各个生育期内，选取的光谱反射率参数是在基于光谱位置变量、基于光谱面积变量和基于光谱植被指数变量这 3 个类别中参数的相关性达到了极显著检验水平且其相关系数的值是最高的。在建立水稻 SPAD 值的估算模型时应用 2014 年的数据来实施（表 3-5）。

表 3-5　基于原始光谱反射率参数的水稻不同生育期 SPAD 值估算模型

生育期	光谱特征变量	最佳拟合方程	R^2
拔节期	λ_g	$Y=3\times10^{28}x^{-9.786}$	0.398 9
	S_{R_v}	$Y=49.332\mathrm{e}^{-0.069x}$	0.371 8
	$(S_{R_g}-S_{R_v})/(S_{R_g}+S_{R_v})$	$Y=-367.31x^3+315.25x^2-58.481x+44.467$	0.417 3
抽穗期	R_v	$Y=341\,498x^3-35\,300x^2+769.63x+40.856$	0.649 1
	S_{R_v}	$Y=3.604\,9x^3-17.749x^2+19.526x+39.402$	0.652 9
	S_{R_g}/S_{R_v}	$Y=-2\,822.7x^3+3\,224.1x^2-1\,132.7x+157.98$	0.539 7
灌浆期	R_v	$Y=3\,001.4x^2-715.93x+61.533$	0.751 3
	S_{R_v}	$Y=1.390\,6x^2-15.591x+62.11$	0.760 7
	$(S_{R_g}-S_{R_v})/(S_{R_g}+S_{R_v})$	$Y=16.705\mathrm{e}^{2.722\,8x}$	0.506 4

从表 3-5 中可知，在拔节期，光谱特征变量 λ_g、S_{R_v}、$(S_{R_g}-S_{R_v})/(S_{R_g}+S_{R_v})$ 与水稻 SPAD 值的最佳拟合方程的决定系数 R^2 均较低，抽穗期基于光谱位置变量的 R_v、基于光谱面积变量的 S_{R_v}、基于光谱植被指数变量的 S_{R_g}/S_{R_v} 与水稻 SPAD 值的最佳拟合方程的决定系数 R^2 相对较高，且基于光谱位置变量的 R_v 和基于光谱面积变量的 S_{R_v} 与水稻 SPAD 值的最佳拟合方程的决定系数均大于基于光谱植被指数变量 S_{R_g}/S_{R_v} 与水稻 SPAD 值的最佳拟合方程的决定系数。在灌浆期，

基于光谱位置变量的 R_v、基于光谱面积变量的 S_{R_v}、基于光谱植被指数变量的 $(S_{R_g}-S_{R_v})/(S_{R_g}+S_{R_v})$ 与水稻 SPAD 值的最佳拟合方程的决定系数（R^2）较高，其中，基于光谱面积变量的 S_{R_v} 与水稻 SPAD 值的最佳拟合方程的决定系数（R^2）最大，为 0.7607。通过对比可以看出，在抽穗期和灌浆期，基于光谱面积变量的 S_{R_v} 的回归模型的决定系数均高于基于光谱位置变量和基于光谱植被指数变量的回归模型的决定系数；拔节期恰恰相反，即基于光谱面积变量的 S_{R_v} 的回归模型的决定系数低于基于光谱位置变量和基于光谱植被指数变量的回归模型的决定系数。

3.2.2.3 估测模型验证

为了验证模型的估测效果，本研究应用 2015 年的光谱数据和水稻 SPAD 数据并选取均方根误差（RMSE）、预测相对误差（REP）两个评价指标检验表 3-4 中所有生育期的水稻 SPAD 值估算模型，得到表 3-6。

表 3-6 基于原始光谱反射率参数的水稻 SPAD 值估测模型检验

生育期	光谱特征变量	RMSE	REP（%）
拔节期	λ_g	4.0317	6.3663
	S_{R_v}	2.8281	5.0278
	$(S_{R_g}-S_{R_v})/(S_{R_g}+S_{R_v})$	3.2315	5.9692
抽穗期	R_v	3.1686	4.9925
	S_{R_v}	3.2169	5.0790
	S_{R_g}/S_{R_v}	7.6439	12.2623
灌浆期	R_v	7.3487	21.5123
	S_{R_v}	7.6254	22.0048
	$(S_{R_g}-S_{R_v})/(S_{R_g}+S_{R_v})$	9.7007	26.7329

由表 3-6 可以看出，拔节期基于光谱面积变量 S_{R_v} 建立的水稻 SPAD 值估算模型的检验效果较好，RMSE 和 REP 均最小。而抽穗期和灌浆期基于光谱位置变量 R_v 建立的水稻 SPAD 值估算模型优于其他原始光谱反射率参数建立的 SPAD 值估算模型，RMSE 和 REP 均最小。

3.2.3　基于光谱指数的水稻叶绿素含量估测

3.2.3.1　水稻 SPAD 值与光谱指数的相关性

本节归纳了以往学者研究中对植物叶绿素含量变化反应敏感的 38 个光谱指数来反演水稻 SPAD 值，各指数计算方法见表 3-7。通过各光谱指数与 SPAD 值的相关性分析，选取与水稻 SPAD 值相关性较好的光谱指数，建立水稻 SPAD 值的单变量估算模型，并借助独立试验对模型进行检验。以决定系数（R^2）、均方根误差（RMSE）和预测相对误差（REP）作为精度评价标准，并绘制实测值与模型估测值之间的 1∶1 图。

表 3-7　用于水稻 SPAD 值估测的光谱指数

光谱指数	参考文献
R_{550}/R_{800}	（Aoki et al., 1981）
PSSRa：R_{800}/R_{680}	（Blackburn, 1998）
PSNDa：$(R_{800}-R_{680})/(R_{800}+R_{680})$	
$R_{800}-R_{550}$	（Buschmann and Nagel, 1993）
R_{800}/R_{550}	
$(R_{780}-R_{710})/(R_{780}-R_{680})$	（Maccioni et al., 2001）
R_{750}/R_{700}	（Gitelson and Merzlyak, 1994）
R_{750}/R_{550}	
mSR705：$(R_{750}-R_{445})/(R_{705}-R_{445})$	（Sims and Gamon, 2002）
mND705：$(R_{750}-R_{705})/(R_{750}+R_{705}-2R_{445})$	
红边位置（REP）	（Filella and Peñuelas, 1994）
红边幅值（REA）	
红边面积（RERA）	
SIPI：$(R_{800}-R_{445})/(R_{800}-R_{680})$	（Peñuelas et al., 1995）
R_{700}/R_{670}	（Mcmurtrey et al., 1994）
D_{705}/D_{722}	（Zarco-Tejada et al., 2002）
D_{725}/D_{702}	（Kochubey and Kazantsev, 2007）

光谱指数	参考文献
$(R_{728}-R_{434})/(R_{720}-R_{434})$	
BND：$(D_{722}-D_{700})/(D_{722}+D_{700})$	(le Maire et al., 2004)
BmSR：$(D_{722}-D_{502})/(D_{700}-D_{502})$	
BmND：$(D_{722}-D_{700})/(D_{722}+D_{700}-2D_{502})$	
NPCI：$(R_{680}-R_{430})/(R_{680}+R_{430})$	(Peñuelas et al., 1994)
$(R_{850}-R_{710})/(R_{850}-R_{680})$	(Datt, 1999)
D_{754}/D_{704}	
NPQI：$(R_{415}-R_{435})/(R_{415}+R_{435})$	(Barnes et al., 1992)
$R_{672}/(R_{550}\times R_{708})$	(Chappelle et al., 1992)
R_{657}/R_{700}	
D_{715}/D_{705}	(Vogelmann et al., 1993)
R_{740}/R_{720}	
R_{672}/R_{550}	(Datt, 1998)
$R_{860}/(R_{550}\times R_{708})$	
OCAR：R_{630}/R_{680}	(Schlemmer et al., 2005)
YCAR：R_{600}/R_{680}	
R_{695}/R_{670}	
R_{695}/R_{760}	
R_{710}/R_{760}	(Carter, 1994)
R_{695}/R_{420}	
R_{605}/R_{760}	

将表 3-7 中光谱指数和 SPAD 值进行相关分析，结果如图 3-4 所示。

由图 3-4 可以看出，大多数光谱指数与水稻叶绿素含量（SPAD 值）具有较高的相关性，达到显著或极显著相关，且大部分为正相关关系。根据各光谱指数与 SPAD 值的相关性，选择相关系数绝对值较大的 4 个光谱指数构建水稻 SPAD 值的估测模型，分别为简单比值指数 R_{710}/R_{760}、一阶导数比值指数 D_{715}/D_{705}、标准叶绿素指数 NPCI 和一阶导数归一化光谱指数 BND。

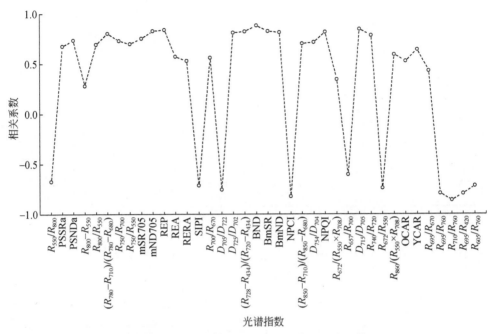

图 3-4　各光谱指数与水稻 SPAD 值的相关系数

3.2.3.2　基于光谱指数的 SPAD 值估测模型构建及检验

将 4 个光谱指数分别与水稻 SPAD 值进行线性和非线性拟合（指数、对数、二次多项式和幂函数），见表 3-8。

表 3-8　水稻 SPAD 值与光谱指数的线性和非线性模型

光谱指数	模型	表达式	R^2
NPCI	线性	$y = -42.28x + 44.99$	0.702
	指数	$y = 48.357 e^{-1.543x}$	0.681
	对数	$y = -5.059 \ln x + 25.115$	0.399
	二次多项式	$y = -49.181x^2 - 11.512x + 41.948$	0.692
	幂	$y = 23.856 x^{-0.174}$	0.343
R_{710}/R_{760}	线性	$y = 35.07x + 50.38$	0.659
	指数	$y = 56.695 e^{-1.199x}$	0.562
	对数	$y = -14.09 \ln x + 21.593$	0.610
	二次多项式	$y = -5.2944x^2 - 29.881x + 49.362$	0.655
	幂	$y = 21.328 x^{-0.474}$	0.502

光谱指数	模型	表达式	R^2
D_{715}/D_{705}	线性	$y = 37.44x - 2.63$	0.662
	指数	$y = 9.2668e^{1.2784x}$	0.563
	对数	$y = 36.589\ln x + 35.586$	0.651
	二次多项式	$y = -48.986x^2 + 134.5x - 48.737$	0.645
	幂	$y = 34.184x^{1.2592}$	0.593
BND	线性	$y = 31.63x + 33.15$	0.710
	指数	$y = 31.429e^{1.0925x}$	0.618
	二次多项式	$y = -19.011x^2 + 31.808x + 34.3$	0.692

由于 BND 光谱指数取值包含负值，因此以 BND 建立的模型不包含对数和幂函数两种模型。通过比较，4 个参数建立的模型均以线性模型最优，其次为二次多项式模型。线性模型的估测效果见图 3-5。4 个模型中绝大多数的样点达到了 95% 置信水平，模型的拟合 R^2 均在 0.65 以上，其中以 BND 为参数建立的模型拟合 R^2 最大，为 0.710，RMSE 最小，为 4.96；其次为 NPCI；拟合 R^2 最小的为 R_{710}/R_{760}。4 个光谱指数中均包括红边波段，可见红边信息在叶绿素含量估算中起着很重要的作用。

为了检验所建立的水稻 SPAD 值回归模型的精度及普适性，分别采用同期观测的大田水稻数据（样本 $n = 180$）以及 2014 年的小区水稻数据（样本 $n = 144$）对水稻 SPAD 值估测模型进行检验。通过制作实测值和估测值的散点图并绘制 1:1 线来直观展示模型的估测效果，采用决定系数（R^2）、RMSE 和 REP 对估测模型的精度进行评价。检验样本点离 1:1 线越近，表明模型估测值和实测值越接近，模型估测效果越好，结果如图 3-6 和图 3-7 所示。由图 3-6 可知，对于与建模数据的种植、管理和施肥方式一致的 2014 年小区检验结果而言，4 个模型中检验样本点大致均匀分布于 1:1 线两侧，对于不同生育期而言，NPCI、R_{710}/R_{760} 和 BND 对拔节期水稻 SPAD 值可以进行较好的估测，检验样本点分布于 1:1 线上下，而 D_{715}/D_{705} 会对拔节期 SPAD 值造成过高估计。对于抽穗期，4 个模型的估测效果均较好，可能是由于抽穗期叶绿素含量相对较高。对于乳熟期和蜡熟期，R_{710}/R_{760}、D_{715}/D_{705} 和 BND 3 个估测模型中样本点大多位于 1:1 线之上，说明 3 个模型对乳熟期和蜡熟期水稻的 SPAD 值会造成过高估计，原因可能是乳熟期和蜡熟期水稻的叶片出现萎蔫变黄，并且两个时期的冠层光谱中包含大量稻穗的光谱信息，而 SPAD 仅测的是叶片的叶绿素含量；其次，从乳熟期开始水稻群体的 LAI 下降，土壤背景的干扰有所增加，这也会影响反射光谱曲线，进而可能

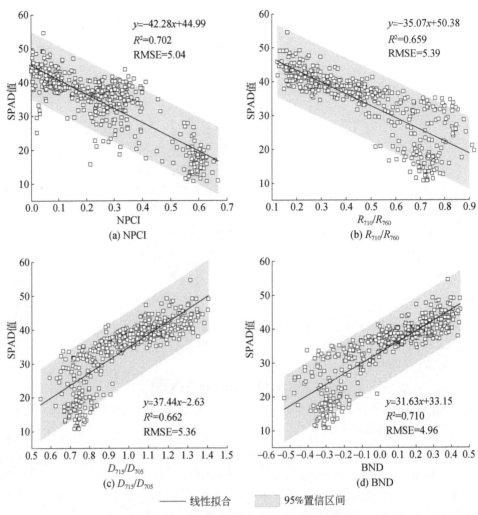

图 3-5　基于光谱指数的水稻 SPAD 值估测模型

影响模型精度。总体而言，4 个模型中以 BND 为变量建立的回归模型估测值与实际观测值之间的一致性较好，检验 R^2 最大，达 0.635，RMSE 和 REP 均最小，分别为 4.23 和 9.1%。

由图 3-7 可知，对于种植、施肥和管理都与建模数据不同的 2015 年大田检验结果而言，4 个模型均对幼苗期的 SPAD 值估测效果不佳，偏离 1∶1 线的样点较多，原因可能是幼苗期水稻覆盖度低，稻田中的水会对光谱反射率造成很大影响。其中 NPCI 会对幼苗期 SPAD 值造成过高估计，所有样点均在 1∶1 线之上，对于 D_{715}/D_{705} 和 BND 两个模型，虽然也有偏离 1∶1 线的部分离散点，但仍有大

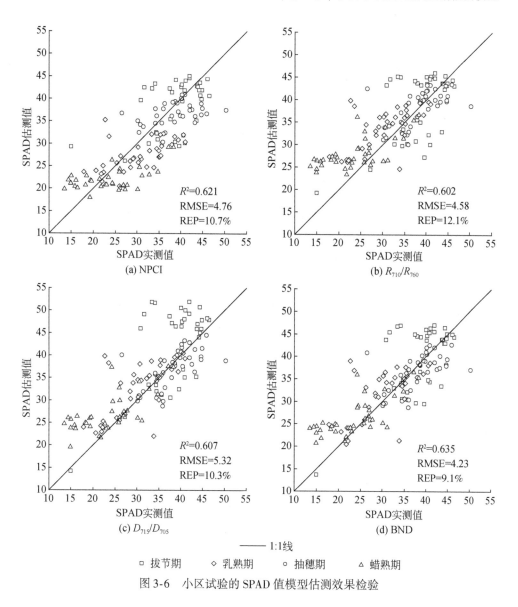

图 3-6　小区试验的 SPAD 值模型估测效果检验

部分的点聚集在 1∶1 线附近，这两个光谱指数都由一阶导数光谱构成，可见一阶导数光谱可以减弱或部分消除背景光谱的影响。对于分蘖期和拔节期，4 个模型的估测效果相当，但都没有抽穗期的估测精度高。对于乳熟期和蜡熟期，R_{710}/R_{760}、D_{715}/D_{705} 和 BND 3 个模型的表现依然没有 NPCI 的好，仍会对乳熟期和蜡熟期的 SPAD 值过高估计。总的来看，以大田数据作为检验样本，4 个模型中也是以 BND 模型的估测效果最佳。可见，通过 BND 为光谱参数建立高光谱模型来估测水稻 SPAD 值是可行的，而且较上述 LR 和 MLR 模型的估测效果更好。

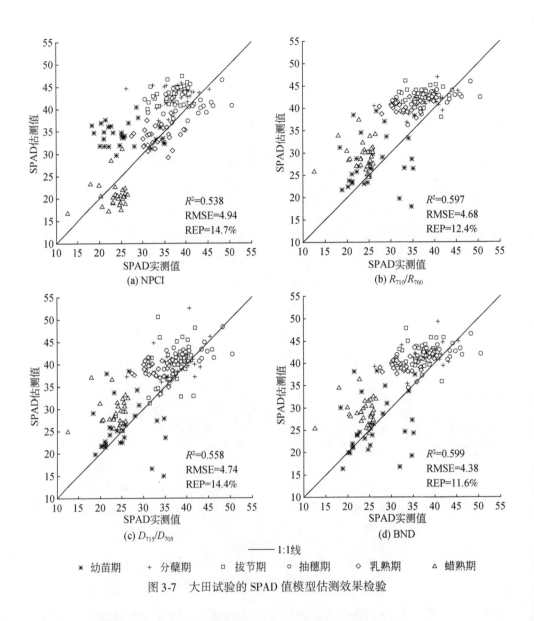

图 3-7 大田试验的 SPAD 值模型估测效果检验

3.2.4 基于"三边"参数的水稻叶绿素监测

3.2.4.1 水稻 SPAD 值与"三边"参数的相关性

选取拔节期、抽穗期、灌浆期的水稻"三边"参数与相对应的 SPAD 值进行相关性分析，结果见表3-9。

表 3-9　水稻 SPAD 值与"三边"参数的相关系数

类别	光谱特征变量	拔节期	抽穗期	灌浆期
基于光谱 位置变量	λ_b	0.1243	0.2215	0.2106
	D_b	−0.2476	−0.6383 **	−0.6657 **
	λ_y	0.5918 **	0.2632	0.6201 **
	D_y	−0.3274 *	0.2040	−0.7274 **
	λ_r	0.4223 **	0.8810 **	0.9336 **
	D_r	0.5294 **	0.4191 **	0.1012
基于光谱 面积变量	S_{D_b}	−0.4406 **	−0.6798 **	−0.7339 **
	S_{D_y}	0.2957	−0.4336 **	0.1047
	S_{D_r}	0.5152 **	0.4308 **	0.6548 **
基于光谱植被 指数变量	S_{D_r}/S_{D_b}	0.5891 **	0.7973 **	0.9505 **
	S_{D_r}/S_{D_y}	0.5053 **	0.7569 **	0.6045 **
	$(S_{D_r}-S_{D_b})/(S_{D_r}+S_{D_b})$	0.5804 **	0.8559 **	0.9539 **
	$(S_{D_r}-S_{D_y})/(S_{D_r}+S_{D_y})$	0.4194 **	0.8000 **	0.5912 **

* $p<0.05$；** $p<0.01$。

由表3-9可知，"三边"参数中基于光谱植被指数变量的 S_{D_r}/S_{D_b}、S_{D_r}/S_{D_y}、$(S_{D_r}-S_{D_b})/(S_{D_r}+S_{D_b})$、$(S_{D_r}-S_{D_y})/(S_{D_r}+S_{D_y})$ 与水稻 SPAD 值均呈极显著正相关，并且相关系数相对较高。在拔节期，基于光谱位置变量的 λ_y 与水稻 SPAD 值的相关系数最大且达到了 0.01 的极显著检验水平。抽穗期，基于光谱位置变量的 λ_r 与水稻 SPAD 值的相关性最好且呈极显著正相关。灌浆期的基于光谱植被指数变量的 $(S_{D_r}-S_{D_b})/(S_{D_r}+S_{D_b})$ 与水稻 SPAD 值的相关系数最大为 0.9539。

3.2.4.2　基于"三边"参数的水稻 SPAD 值估算模型

应用2014年观测数据，分别在位置变量、面积变量和植被指数变量3个类别中选取相关性达到极显著检验水平，且相关系数值较高的"三边"参数，建立水稻 SPAD 值的估算模型，结果见表3-10。

表 3-10 基于"三边"参数的水稻不同生育期 SPAD 值的估算模型

生育期	光谱特征变量	最佳拟合方程	R^2
拔节期	λ_y	$Y = 16.047e^{0.0017x}$	0.3656
	S_{D_r}	$Y = 40.891e^{0.4693x}$	0.2770
	S_{D_r}/S_{D_b}	$Y = -0.0044x^3 + 0.1749x^2 - 1.5946x + 46.257$	0.4402
抽穗期	λ_r	$Y = 0.1014e^{0.0083x}$	0.7880
	S_{D_b}	$Y = -280.62x + 52.627$	0.4621
	$(S_{D_r} - S_{D_b})/(S_{D_r} + S_{D_b})$	$Y = 10.032e^{1.7374x}$	0.7327
灌浆期	λ_r	$Y = 0.5172x - 337.93$	0.8715
	S_{D_b}	$Y = 73.895e^{-19.6x}$	0.5399
	$(S_{D_r} - S_{D_b})/(S_{D_r} + S_{D_b})$	$Y = 1.7613e^{3.7647x}$	0.9260

由表 3-10 可知，在拔节期，光谱特征变量 λ_y、S_{D_r}、S_{D_r}/S_{D_b} 与水稻 SPAD 值的最佳拟合方程的 R^2 是最小的。抽穗期，基于光谱位置变量的 λ_r、基于光谱面积变量的 S_{D_b}、基于光谱植被指数变量的 $(S_{D_r} - S_{D_b})/(S_{D_r} + S_{D_b})$ 与水稻 SPAD 值的最佳拟合方程的 R^2 相对较高。在灌浆期，基于光谱位置变量的 λ_r、基于光谱面积变量的 S_{D_b}、基于光谱植被指数变量的 $(S_{D_r} - S_{D_b})/(S_{D_r} + S_{D_b})$ 与水稻 SPAD 值的最佳拟合方程的 R^2 最高，尤其是 $(S_{D_r} - S_{D_b})/(S_{D_r} + S_{D_b})$ 与水稻 SPAD 值的 R^2 达到了 0.9260。通过对比可以看出，在各个生育期里，基于光谱面积变量的回归模型的 R^2 均低于基于光谱位置变量和基于光谱植被指数变量的回归模型的 R^2。

3.2.4.3 基于"三边"参数的水稻 SPAD 值模型检验

应用 2015 年的光谱数据和水稻 SPAD 数据并选取 RMSE、REP 两个评价指标来进行检验，结果如表 3-11 所示。由表 3-11 可知，拔节期的 RMSE、REP 是较小的，灌浆期的 RMSE、REP 是较大的。故在利用"三边"参数对水稻 SPAD 值进行估算时，应首先考虑拔节期和抽穗期的水稻数据。除抽穗期外，基于光谱植被指数变量的水稻 SPAD 值估算模型要优于其他的"三边"参数的估算模型。因此选择基于光谱植被指数变量来估算水稻 SPAD 值。

表 3-11 基于"三边"参数的水稻 SPAD 值的模型检验

生育期	光谱特征变量	RMSE	REP（%）
拔节期	λ_y	3.2404	5.6819
	S_{D_r}	3.1524	6.1068
	S_{D_r}/S_{D_b}	2.6958	4.9419
抽穗期	λ_r	4.7098	7.6586
	S_{D_b}	2.4884	3.7430
	$(S_{D_r}-S_{D_b})/(S_{D_r}+S_{D_b})$	5.1461	8.3848
灌浆期	λ_r	5.4920	16.0667
	S_{D_b}	12.1877	47.6182
	$(S_{D_r}-S_{D_b})/(S_{D_r}+S_{D_b})$	5.0303	14.5214

3.3　水稻叶绿素含量多元模型估测

3.3.1　基于 BP 神经网络的水稻叶绿素含量估测

3.3.1.1　用于 BP 神经网络分析的植被指数选择

本节通过 Matlab 编程分别计算各个光谱指数，并且制作水稻各个生育期内 6 个不同植被指数（表 1-2）与 SPAD 值的相关系数（r）等势图（图 3-8 ~ 图 3-11），从中挑选出相关性最强的波段组合作为 BP 神经网络的输入变量，以各生育期 SPAD 值作为输出变量，其中，以 2/3 的数据作为建模样本，余下 1/3 的数据作为检验样本，构建基于植被指数的 BP 神经网络模型。

从相关系数等势图可以看出，各个生育期内 NDVI、DVI 和 SAVI 3 类植被指数与 SPAD 值的相关系数沿对角线对称，而 RVI、MVI 和 MSAVI2 与 SPAD 值的相关系数沿对角线不对称。各植被指数与 SPAD 值的相关系数均存在大于 0.8 的区域，但各植被指数该区域分布不一致。以拔节期为例，各植被指数内相关系数大于 0.8 的除了相同的（450 ~ 500，450 ~ 500）和（600 ~ 700，400 ~ 500）两个区域外，还有 NDVI 内（750 ~ 1000，530 ~ 580）和（750 ~ 1000，700 ~ 750）两个区域、RVI 内（540 ~ 560，750 ~ 1000）区域、MVI 内（600 ~ 700，750 ~ 1000）与（750 ~ 1000，580 ~ 720）两个区域，以及 SAVI 内（700 ~ 900，700 ~ 730）区域内相关系数均大于 0.8。

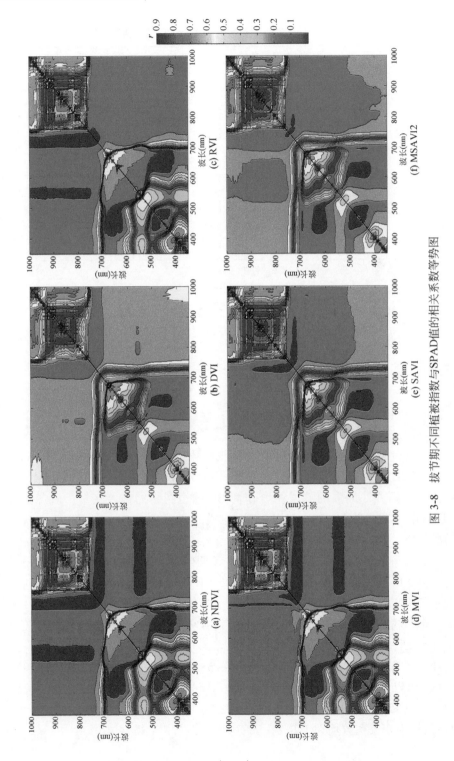

图 3-8　拔节期不同植被指数与SPAD值的相关系数等势图

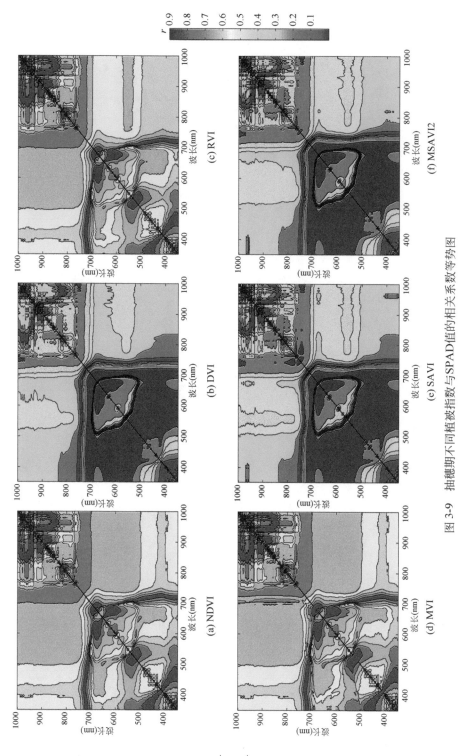

图 3-9　抽穗期不同植被指数指数与SPAD值的相关系数等势图

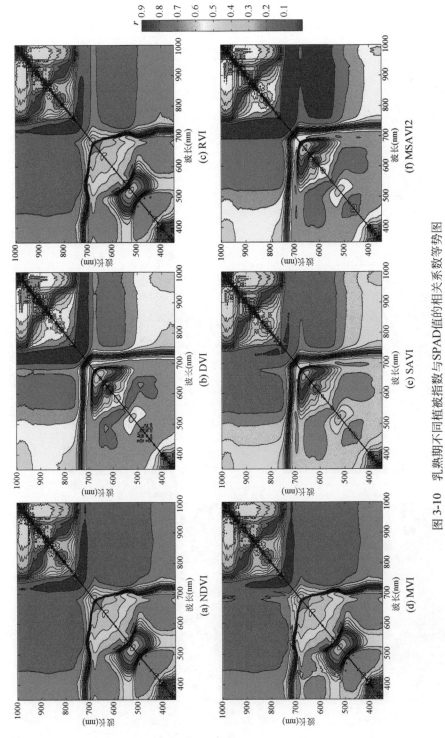

图 3-10 乳熟期不同植被指数与SPAD值的相关系数等势图

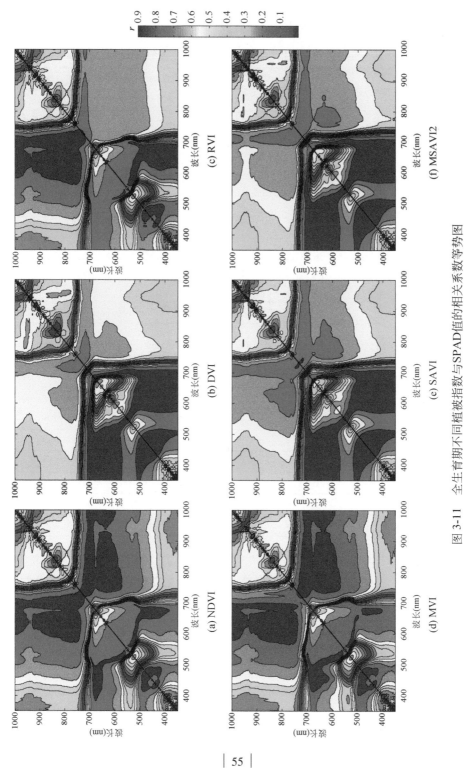

图 3-11　全生育期不同植被指数与SPAD值的相关系数等势图

表 3-12 为不同生育期各植被指数最佳波段组合及其与 SPAD 值的相关系数。

表 3-12　不同生育期各植被指数最佳波段组合及其与 SPAD 值的相关系数

生育期	植被指数	波段组合（nm）	相关系数
拔节期	NDVI	(506, 625)	0.844
	RVI	(505, 625)	0.845
	DVI	(479, 489)	0.817
	MVI	(450, 646)	0.845
	SAVI	(479, 489)	0.825
	MSAVI2	(479, 489)	0.821
抽穗期	NDVI	(770, 776)	0.718
	RVI	(770, 776)	0.718
	DVI	(542, 706)	0.659
	MVI	(770, 776)	0.718
	SAVI	(769, 775)	0.696
	MSAVI2	(769, 773)	0.685
乳熟期	NDVI	(750, 751)	0.915
	RVI	(734, 785)	0.916
	DVI	(748, 755)	0.872
	MVI	(734, 785)	0.915
	SAVI	(749, 754)	0.904
	MSAVI2	(748, 755)	0.897
全生育期	NDVI	(698, 772)	0.850
	RVI	(702, 771)	0.875
	DVI	(526, 578)	0.866
	MVI	(445, 656)	0.867
	SAVI	(525, 578)	0.866
	MSAVI2	(525, 578)	0.867

从表 3-12 中可以看出，不同生育期内同一植被指数的最佳波段组合各不相同，如 NDVI 在拔节期最佳波段组合为（506nm，625nm）、抽穗期为（770nm，776nm）、乳熟期为（750nm，751nm），而在整个生育期内，最佳波段组合为（698nm，772nm）。各生育期不同植被指数与 SPAD 值的相关性也存在差异，如拔节期内相关系数为 0.817 ~ 0.845、抽穗期内为 0.659 ~ 0.718、乳熟期内为 0.872 ~ 0.916、全生育期相关系数为 0.850 ~ 0.875。RVI 和 MVI 与 SPAD 值的相

关系数均处于同一生育期内最高水平，NDVI 和 SAVI 处于中等水平，DVI 和 MSAVI2 处于最低水平，但其相关性均通过 0.01 显著性检验，即不同生育期内各植被指数与水稻 SPAD 值均具有较强相关性。

3.3.1.2 基于 BP 神经网络的水稻 SPAD 值估测模型

将表 3-12 所列出的不同生育期各植被指数作为 BP 神经网络输入向量，以不同生育期对应的 SPAD 值作为输出向量，构建基于 BP 神经网络的水稻不同生育期叶绿素估算模型，其中随机选取样本数据的 2/3 作为建模样本，余下的 1/3 作为检验样本，对叶绿素估算模型进行精度检验。在构建不同生育期的 BP 神经网络模型时，隐含层数的确定至关重要，经过对模型进行多次训练与仿真，综合其训练与仿真结果，以 R^2、RMSE 和 REP 作为模型精度的评价指标，最终得到不同生育期的 BP 神经网络最佳模型，其结果参数见表 3-13。

表 3-13 基于 BP 神经网络的不同生育期 SPAD 值估测模型参数

生育期	隐藏层节点	训练模型			验证模型		
		R^2	RMSE	REP（%）	R^2	RMSE	REP（%）
拔节期	11	0.685	1.948	19.46	0.849	1.452	17.54
抽穗期	5	0.548	1.729	18.52	0.818	1.065	15.55
乳熟期	6	0.830	2.447	26.14	0.892	2.174	25.69
全生育期	13	0.873	2.612	24.84	0.891	2.159	21.87

从表 3-13 训练和验证结果可以看出，不同生育期的 BP 神经网络最佳模型其隐含层数不一致，差异较大。其中抽穗期的隐含层最少，为 5 层，而对于全生育期，其隐含层数最大，达到 13 层，达到该网络的最大隐含层数。另外，不同生育期的训练模型精度差异较大。抽穗期训练模型的精度为各生育期训练模型最低，其 R^2 仅为 0.548、RMSE 为 1.729、REP 为 18.52%，而全生育期训练模型的精度最高，其 R^2 达到 0.873、RMSE 为 2.612、REP 为 24.84%，而拔节期和乳熟期的训练模型精度介于两者之间。

不同生育期的验证模型精度均较高，其 R^2 都达到了 0.8 以上，其中乳熟期验证模型的精度最高，R^2、RMSE 和 REP 分别为 0.892、2.174 和 25.69%，抽穗期验证模型的精度最低，其 R^2 为不同生育期最低，仅为 0.818，但其 RMSE 和 REP 相对较低，分别为 1.065 和 15.55%，说明虽然其模型拟合度较低，但其模型相对精度较高。通过综合 BP 神经网络模型训练和检验的各项参数，乳熟期和全生育期模型精度最高，且模型稳定。而拔节期和抽穗期建立的模型效果较差，训练模型的精度较低，但验证模型的精度较高，两者无法同时达到最优，有待进一步研究。

图 3-12 和图 3-13 分别为不同生育期的 BP 神经网络对 SPAD 值的训练与检验结果。

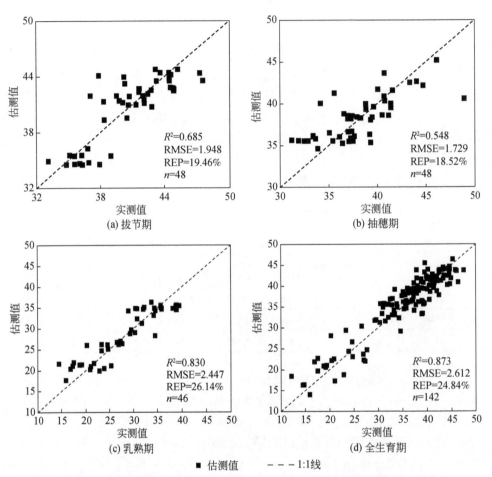

■ 估测值　－－－1:1线

图 3-12　不同生育期基于 BP 神经网络的水稻 SPAD 值估测模型训练与检验结果

由图 3-12 和图 3-13 可知，不同生育期内建模和训练样本在 1∶1 线两侧均有分布，但拔节期和抽穗期内样本比较分散，而且有少部分样本偏离 1∶1 线较远，乳熟期和全生育期的样本均集中在 1∶1 线附近。与基于特征波段构建的 SPAD 值估测模型相比，BP 神经网络模型大幅提高了 SPAD 值的估算精度，能够更加准确的对各生育期水稻 SPAD 值进行估测。

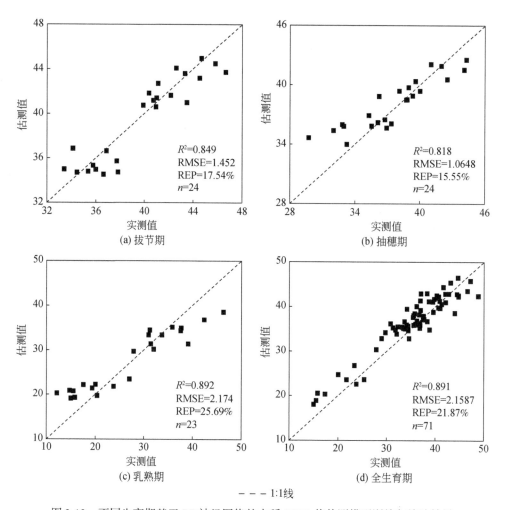

图 3-13　不同生育期基于 BP 神经网络的水稻 SPAD 值估测模型训练与检验结果

3.3.2　基于随机森林算法的水稻叶绿素含量估测

　　应用 2017 年观测数据，选择特征波段、光谱参数和植被指数中与 SPAD 值相关性较好的 6 个参数为自变量，叶片 SPAD 值为因变量，对抽穗期、乳熟期、蜡熟期和全生育期叶片叶绿素含量进行随机森林算法估测。ntree 设置为 5000，mtry 设置为 2，建立随机森林估算模型。通过绘制实测值与模型估测值之间的 1∶1 图，对不同生育期建模样本和验证样本的实测值与模型估测值进行拟合分析，检验所建模型的精度，结果见图 3-14 ~ 图 3-16。由图可见，不同生育期建模

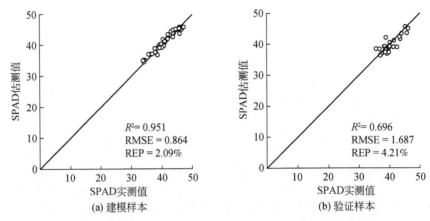

图 3-14　抽穗期水稻叶片 SPAD 值随机森林估算模型精度检验

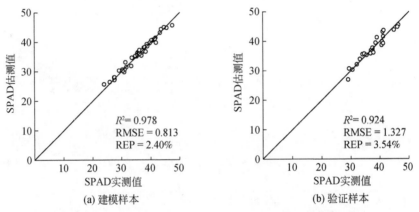

图 3-15　乳熟期水稻叶片 SPAD 值随机森林估算模型精度检验

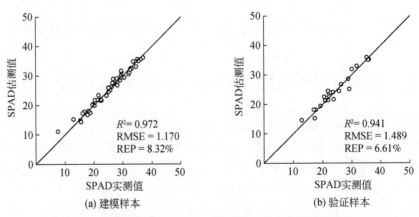

图 3-16　蜡熟期水稻叶片 SPAD 值随机森林估算模型精度检验

样本点都均匀地聚集在 1 : 1 线附近，表明模型估测值与实测值很接近。对于同一生育期，与普通回归估算模型相比，基于随机森林算法的估算模型建模和验证 R^2 更大，RMSE、REP 更小，估测精度得到明显提高，可以实现该生育期水稻叶片 SPAD 值的精准估测。

对于全生育期，选择上述用于建模的特征波段、光谱参数和植被指数中与 SPAD 值相关性较好的 9 个参数为自变量，叶片 SPAD 值为因变量，ntree 设置为 5000，mtry 设置为 3，建立随机森林估算模型，并绘制实测值与模型估测值之间的 1 : 1 图，其建模和验证结果见图 3-17。

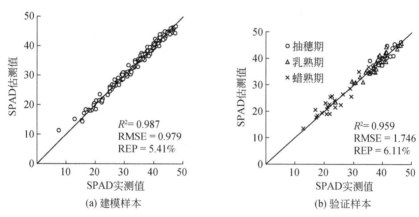

(a) 建模样本　　　　　　　　(b) 验证样本

图 3-17　全生育期水稻叶片 SPAD 值随机森林估算模型精度检验

由图 3-17 可知，随机森林模型的建模和验证精度均高于普通回归估算模型，估测效果最佳。模型的验证 R^2 达到 0.959，RMSE 为 1.746，REP 为 6.11%，可以对全生育期水稻叶片 SPAD 值进行准确估测。分析全生育期随机森林模型对各生育期叶片 SPAD 值的估测效果：抽穗期的验证 R^2 为 0.728，RMSE 为 1.641，REP 为 4.15%；乳熟期的验证 R^2 为 0.917，RMSE 为 1.540，REP 为 4.08%；蜡熟期的验证 R^2 为 0.893，RMSE 为 2.020，REP 为 8.84%，均具有较高的验证精度。与基于单一生育期建立的随机森林模型相比，基于全生育期建立的随机森林模型对抽穗期的估测效果较好，对乳熟期和蜡熟期的估测效果较差。总体而言，在对精度要求不是很高的情况下，可以直接使用全生育期模型对不同生育期叶片 SPAD 值进行估测，不需为每个生育期建立相应的估算模型。

3.4　水稻幼苗期植株 SPAD 值高光谱影像遥感反演

　　应用非成像光谱仪获得的冠层光谱进行 SPAD 值估测，可以了解水稻的整体长势好坏，而应用高光谱影像图谱合一的优势，可以具体分析水稻植株不同叶片及叶片不同部位 SPAD 值的分布情况，并可制作水稻植株叶片的 SPAD 值影像估测填图。

3.4.1　水稻幼苗叶片高光谱影像的光谱特征

　　从水稻单株高光谱影像上分别提取第一叶、第二叶和第三叶光谱反射率，如图 3-18 所示，水稻幼苗不同叶片的光谱反射特征有所差异：在可见光波段，第二叶和第三叶的光谱曲线基本重叠，而第一叶的反射率要明显高于第二叶和第三叶，550nm 处的"绿峰"也明显消失，这是由于随着水稻植株的生长，第一叶最先变黄，因此其光谱曲线没有明显的植被特征。在近红外波段范围，由于新老叶片内部组织结构的差异，反映在光谱曲线上表现为光谱反射率从第一叶到第三叶逐渐升高。

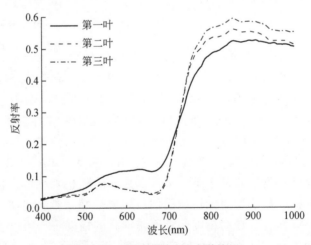

图 3-18　水稻不同叶片光谱特征

　　在 ENVI 中通过感兴趣区域提取水稻幼苗单叶不同部位的反射光谱曲线，见图 3-19，由于叶片营养物质遵循从叶基到叶尖的传输规律，特别是当幼苗受到胁迫时，如缺氮时，最先感受变化的是叶尖部位，叶尖首先变黄。在光谱曲线上的变化规律为：在可见光波段范围，从叶基到叶尖反射率逐渐增加；在近红外波段表现出相反的规律。

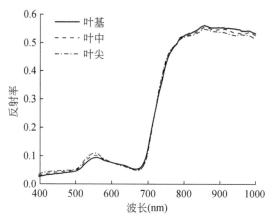

图 3-19 水稻叶片不同部位高光谱影像光谱特征

3.4.2 水稻幼苗 SPAD 值与高光谱影像光谱反射率相关性

本书分别从不同氮素水平的幼苗植株中，分叶基、叶中和叶尖 3 个部位提取 57 组光谱及 SPAD 样本，将两者进行相关分析，如图 3-20 所示。可以看出，水稻幼苗叶片在 400～724nm 的反射率与 SPAD 值呈负相关，在 732～1000nm 的反射率与 SPAD 值呈正相关，且都达过了 0.01 的显著性水平，在 680～700nm 附近相关系数峰值为低谷（$r<-0.80$），在 696nm 相关系数最低。挑选相关系数绝对值最大点的波长即 696nm 作为水稻幼苗叶片 SPAD 值估测的特征波长，利用此特征波长对水稻幼苗叶片 SPAD 值与对应的高光谱图像上像元的光谱反射率进行定量分析，建立水稻苗期叶片 SPAD 值的估测模型。

3.4.3 水稻叶片 SPAD 值估测模型及单株 SPAD 值填图

将采集的 57 个样本点，按照不同氮素水平随机分为建模样本 36 个，验证样本 21 个，建立水稻苗期叶片 SPAD 值的高光谱影像估测模型（图 3-21），并对模型精度进行验证（图 3-22）。

如图 3-21 和图 3-22 所示，所有的建模样本点都达到了 95% 的置信水平，拟合 R^2 达到 0.738，RMSE 为 2.30。检验 R^2 为 0.719，RMSE 为 1.74，REP 为 8.91%，模型估测效果较好。

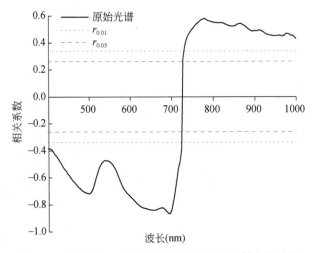

图 3-20　水稻 SPAD 值与高光谱影像光谱反射率相关性

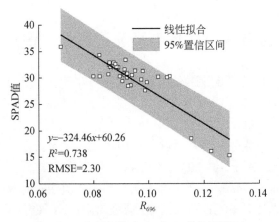

图 3-21　水稻幼苗叶片 SPAD 值估测模型

　　将水稻单株高光谱影像上每个像元点的 696nm 的光谱反射率数据代入估测模型，可以得到图像上每个像元的 SPAD 值，进而得到水稻幼苗期单叶 SPAD 值分布图，见图 3-23。图中上半部分是水稻单株的 RGB 图像，下半部分是对应的单株叶片 SPAD 填图结果。从图 3-23 中可以明显看出，叶片不同部位的 SPAD 值分布情况。为了使填图结果与实际情况更加相符，图中采用由黄到绿的色阶来表示 SPAD 值的高低，随着 SPAD 值的变化，填图中也会用不同的颜色深度加以区分，SPAD 值越高的，填图颜色越绿，SPAD 值越低，相应的填图颜色越黄。由填图结果可知，3 种氮素水平水稻幼苗期叶片整体 SPAD 值的区间范围是 14.4～37.8，

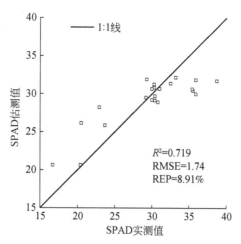

图 3-22　水稻幼苗叶片 SPAD 值模型估测效果检验

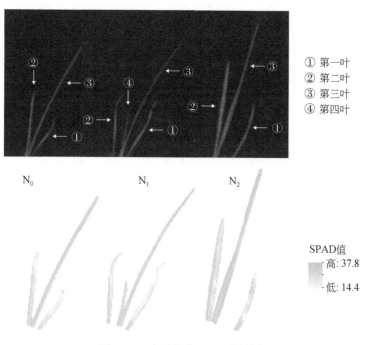

图 3-23　水稻幼苗 SPAD 值填图

与实际幼苗期叶片 SPAD 值的范围（15.8～37.1）基本接近。对单株水稻而言，各个氮素水平下从第一叶到第四叶，填图结果显示为由黄变绿；实际叶片发黄的部位，如 N_0 和 N_1 水平下的第一叶和第二叶的尖部，填图结果中也以黄色显示，即表示 SPAD 值较低。对于单个叶片而言，3 个氮素水平下叶片 SPAD 值的分布规律大体是从叶基向叶尖逐渐减少，这也符合营养物质由叶基向叶尖传送的规律。高光谱成像技术具有图谱合一的优势，通过水稻幼苗期叶片 SPAD 值填图，对幼苗期水稻叶片进行定性及定位分析，能够实现精细化诊断水稻幼苗期叶片局部组分信息，直观展示单叶叶片组分信息的分布情况。

3.5　讨论与结论

3.5.1　讨论

不同氮素水平对水稻叶片的内部组织结构及其功能产生重要影响，从而导致水稻冠层的叶绿素含量水平出现明显差异，氮肥的施用量与 SPAD 值呈正相关关系（唐延林等，2004），这与本书研究结果一致。植被本身叶绿素的含量水平将直接影响到其光合作用的强弱，是植被活力的体现，叶绿素含量水平差异反映在光谱反射曲线上则呈现出不同程度的红边"红移"或"蓝移"现象。通过相关性分析，分别选择与 SPAD 值相关性较好的光谱特征波段和光谱指数对水稻全生育期 SPAD 值进行估测，并以不同年份的小区试验样本及同期的大田试验样本进行检验，发现基于光谱指数的模型要优于基于特征波段的模型。这是因为，光谱指数通过将植被原始光谱数据或其变换形式进行线性或非线性组合，而这种光谱组合在一定程度上可以增强目标地物的信息，同时有助于削弱外界干扰因素（如仪器观测角度、大气影响和土壤背景等）造成的数据误差，进而增强信息提取的精度。利用构建的光谱指数不仅可以提取作物的生理参数，还可以监测作物胁迫（如氮素胁迫、重金属污染、水分胁迫、温度胁迫等）（程高峰等，2008；刘美玲等，2010；谢晓金等，2010a，2010b）。

本研究中建模数据来源于小区样本，影响因子较为单一，导致估测模型本身的拟合精度相对较低，估测 R^2 最大为 0.710，说明用于建模的自变量仅能解释因变量的 71.0%。而检验样本则是基于不同年份的小区和同期的大田实测数据，从不同数据检验结果来看，基于小区样本的检验精度要高于大田样本，这是因为水稻大田的影响因素较为复杂，肥力状况和管理制度与小区存在很大差异，且种植密度不同，导致冠层光谱的反射率产生很大差异。在小区检验中表现较好的 NPCI 光谱指数，尤其对乳熟期和蜡熟期估测较好，而在大田估测样本中却表现最差，对蜡熟期 SPAD 值产生了过低估计，用大田数据来检验估测模型的精度，虽然扩展了模型的普适性和应用性，但效果往往不太理想。可见，基于半经验关系建立的估测模型往往具有地域性和时效性。今后的研究中，应尝试增加变量个数，进行非线性和多元统计建模，提高模型估测能力，使模型更加完善，以促进水稻叶绿素高光谱监测的直接应用。

在叶绿素估测模型参数选择方面，之前的一些学者就南方稻田应用较多的主要包括绿色归一化植被指数、简单比值指数（王福民等，2009）以及由原始光谱一阶导数求得的红边参数，如红边位置、红谷净面积及红边峰值等（唐延林等，2004；王秀珍等，2001），而本书以西北地区的水稻为研究对象，本研究中与水稻叶绿素相关性最好的光谱变量为 BND。造成这种差异的原因在于以水稻群体冠层水平为研究对象，受光照条件、冠层结构和背景复杂情况的影响，测得的冠层光谱反射率会有很大差异，这在一定程度上影响模型的适用性和精度。因此，需要进一步验证不同光谱参数在不同生长环境下的敏感性，以促进不同区域水稻叶绿素含量估测模型的统一。

在水稻幼苗期 SPAD 值填图结果中，个别叶片尤其是第一叶和第二叶叶片边缘的 SPAD 值较叶脉附近高，这与谢静等（2014）的结果正好相悖，造成这种差异的原因可能有两个：第一是叶片高光谱图像以黑布为背景进行采集，叶片边缘可能混有黑布的光谱信息，是黑布和叶片的混合光谱；第二是高光谱图像采集在室外进行，水稻植株采样后，叶片边缘很快出现卷曲，卷曲的叶片会造成入射光的二次反射，从而影响叶片的光谱反射率。

3.5.2 结论

本章研究了水稻 SPAD 值在各生育期内的变化情况，发现水稻 SPAD 值随生育期推进表现出一定的规律性，即在抽穗期达到最大值，而后逐渐减小，而这种变化规律会导致水稻冠层光谱反射率的差异。相关性分析结果表明，水稻 SPAD 值与原始光谱反射率在 698nm 达到负相关的绝对值最大；与原始光谱反射率相比，光谱一阶导数与 SPAD 值的相关性更强，而且相关系数较高的波段宽度相对较窄。通过特征波段和光谱指数构建 SPAD 值估测模型，模型检验结果表明，以光谱指数 BND 为变量建立的水稻 SPAD 值估测模型精度要高于基于特征波段的 LR 模型和 MLR 模型，可以对水稻不同生育期的 SPAD 值进行较好的估测。所建立的模型与以往学者研究南方稻田得出的结果有所不同，原因在于借助高光谱遥感反演水稻叶绿素受品种、生育期和环境等的影响，且水稻作物下垫面背景复杂，在冠层尺度，冠层结构和背景的变化会混淆水稻的叶绿素含量变化，因此会对反演结果产生较大的影响。

通过 Matlab 编程计算各生育期 6 个植被指数的最佳波段组合，并将各生育期的植被指数作为 BP 神经网络的输入层，以相对应的 SPAD 值作为输出层，构建了基于 BP 神经网络的 SPAD 值估测模型，并通过 R^2、RMSE 和 REP 对网络的训练和验证模型精度进行评价。结果表明：不同生育期的 BP 神经网络训练和验证模型精度存在较大差异，其中全生育期的训练模型和验证模型精度均较高，其 R^2 为各生育期的最大值。通过 BP 神经网络可以大幅度提高水稻 SPAD 值估测精度，但模型在训练过程中隐含层数的多少关系着模型的验证精度的高低，不同数据其模型隐含层不同，因此 BP 神经网络的构建关键在于隐含层数的确定，这一过程有待后续研究。

利用随机森林算法建立模型，抽穗期验证 R^2 达到 0.696，乳熟期、蜡熟期验证 R^2 均达到 0.9 以上，全生育期验证 R^2 达到 0.959，各生育期估测精度均得到显著提高。通过分析全生育期随机森林模型对各生育期冠层 SPAD 值的估测效果发现，利用全生育期数据建立的模型不能对所有生育期的冠层 SPAD 值进行准确估算，分生育期建立模型可以提高冠层 SPAD 值估算的准确度，研究结果证实了分生育期建模的必要性。

应用高光谱影像图谱合一的优势，实现了水稻幼苗期植株 SPAD 值填图估测，估测结果为定位定量分析水稻植株各叶片 SPAD 值的分布状况提供了可能。

| 第 4 章 | 水稻叶面积指数的高光谱估测模型

叶面积指数（LAI）普遍表述为单位土地面积上植物叶片总面积占土地面积的倍数，即单位土地面积上的植物总叶面积。LAI是陆地生态系统中一个十分重要的结构参数（Asner，1998；Zhang et al.，2012；Gong et al.，2003；Pu et al.，2003；Gupta et al.，2006），它不仅可以用来估算陆地生态系统的净初级生产力，还与作物的太阳光截获、蒸发、蒸散及光合作用密切相关（Canisius and Fernandes，2012；Fan et al.，2012）。同时，LAI可以作为作物冠层结构变化的重要量化指标，会影响到植被覆盖度、植被绿度等，常被用来判断作物长势、植物群落生命活力以及进行产量估测。作物叶面积的大小直接影响其内部受光量，进而影响作物的光合效率。在一定土地面积上，LAI越大，作物对光能的利用率就越高，但并不是LAI越大越好，LAI过大时，叶片之间互相覆盖，作物的光合效率反而降低。LAI会随植物生长季节的更替发生一定规律性的变化，因此，大面积的实时监测作物LAI及其在空间范围的变化状况对监测作物长势、作物估产及田间管理等都具有重要意义（Jego et al.，2012；Jensen et al.，2012；Jiang et al.，2012；Richter et al.，2012；Wong and Fung，2013）。

传统LAI的地面测定方法（如收获测量法、落叶收集法等）虽然能得到特定范围内的较为准确的LAI值，但这些方法在测定大范围农作物LAI时，由于工作量大、费用高，而且对植株本身具有一定的破坏性，因此存在一定的局限性。而遥感技术的发展，特别是高光谱遥感技术凭借其高效、非破坏性等优势，对大尺度范围的作物LAI监测提供了有效途径。

作物叶片中的叶绿素在光照条件下发生光合反应，强烈吸收可见光范围内的红光，因此，红光波段的反射率包含作物冠层顶部叶片的大量信息。在近红外波段，作物的光谱反射率和透射率高，吸收率低，因此近红外波段的反射率也包含冠层叶片的大量信息。作物的这种光谱特征与其他作物的光学特性差异很大，这是LAI高光谱遥感定量统计分析的理论基础（张晓阳和李劲峰，1995）。水稻的LAI受氮素水平、品种、种植密度及生育期的影响，本章应用不同生育期、不同氮素水平及不同年份获得的水稻LAI及高光谱数据，通过分析水稻LAI和高光谱参数的相关性，研究建立水稻LAI的高光谱估测模型。

4.1 水稻叶面积指数在各生育期的变化

本研究中的建模样本为 2015 年 5 个生育期的水稻田间试验小区测试数据，检验样本包括两部分，分别为 2015 年与田间试验小区同步进行的大田测试数据和 2014 年 4 个生育期的田间试验小区测试数据。各测试样本 LAI 的统计信息见表 4-1。

表 4-1 水稻 LAI 统计特征

生育期	2015 小区建模样本			2015 大田检验样本			2014 小区检验样本		
	最大值	最小值	平均值	最大值	最小值	平均值	最大值	最小值	平均值
分蘖期	1.4	0.8	1.1	1.5	0.8	1.2			
拔节期	3.2	1.8	2.5	3.4	1.9	2.6	3.1	2.0	2.4
抽穗期	5.3	2.6	3.5	5.6	2.8	3.7	5.2	2.6	3.6
乳熟期	3.1	1.5	2.1	3.3	1.5	2.3	3.2	1.4	2.2
蜡熟期	2.1	1.1	1.8	2.2	1.4	1.9	2.2	1.0	1.7
全生育期	5.3	0.8	2.2	5.6	0.8	2.3	5.2	1.2	2.5

由表 4-1 可以看出：2015 年小区建模样本的最大值为 5.3，最小值为 0.8；2015 年大田检验样本的最大值为 5.6，最小值为 0.8。由于大田水稻的种植密度比小区水稻要高，因此同一时期大田样本的最大值要高于小区水稻样本的最大值。2014 年小区检验样本的最大值为 5.2，最小值为 1.0。本试验中水稻 LAI 的建模数据从分蘖期到蜡熟期，覆盖水稻的整个生育期，这样的建模样本避免因数据相对集中造成的模型精度降低；同时最大值和最小值区间跨度相对较大，在一定程度上保证所建立的水稻 LAI 估测模型的适用范围。

由表 4-1 可以看出，水稻 LAI 在不同生育期内差异明显。随着水稻的生长发育，水稻 LAI 总体表现为先升高后降低的趋势。从水稻移栽起，随生育期的推进，由于水稻的分蘖数目不断增加及单叶叶面积的持续增长，促使 LAI 不断增加，LAI 的增速表现为快速增长；到抽穗期，虽然无效分蘖死亡，而单叶叶面积仍在增加，此时的 LAI 达到最大值；从乳熟期开始，植株下部的叶片已经不能进行较强的光合作用，并且继续将养分向穗部转移，叶片开始枯黄衰老以至干死，使得 LAI 逐渐减小。

4.1.1 不同施氮条件下水稻叶面积指数随生育期的变化

图 4-1 为不同生育期不同氮肥施用量水平下水稻 LAI。

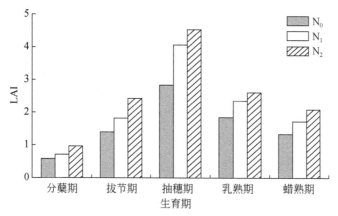

图 4-1　不同生育期不同氮素水平的水稻 LAI

由图 4-1 可以发现，在各个生育期，随着施氮水平的提高，水稻 LAI 都是逐渐增加的，并且在 N_2 处理时均达到最大值。因此，说明水稻 LAI 对其氮素状况具有很好的表征作用。可以利用冠层光谱的反射数据来估测水稻 LAI 和氮素状况。

4.1.2　不同施碳条件下水稻叶面积指数随生育期的变化

图 4-2 为不同生育期不同有机碳施用量水平下水稻 LAI。

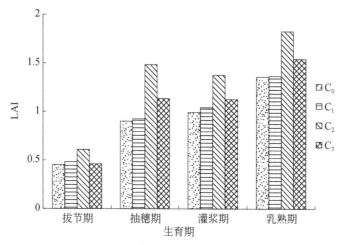

图 4-2　不同施碳水平下水稻 LAI 随生育期的变化情况

由图 4-2 可以看出，在各个生育期，随着稻田土壤施碳水平的提高，水稻 LAI 都是呈现出先上升后下降的趋势，均在 C_2 处理时达到最大值。这是因为生物质碳的施用量过高时，也会导致作物的生长受到抑制。由此可以说明，生物质碳的施用量对水稻 LAI 是有一定影响的。

4.2 水稻叶面积指数与冠层光谱的相关性分析

4.2.1 叶面积指数与原始光谱、导数光谱的相关性

水稻冠层原始光谱与 LAI 相关性分析结果如图 4-3 所示。可见，在 400 ~ 736nm、1480 ~ 1780nm 和 1990 ~ 2400nm 三个波段范围，水稻冠层光谱反射率与 LAI 总体呈负相关关系，其中 400 ~ 726nm、1480 ~ 1592nm 和 1990 ~ 2400nm 波段，负相关性达到极显著水平（99% 置信区间，$n = 180$），在 663nm 负相关性最大，为 –0.727，形成一个波谷，与王秀珍等（2004）的结果 671nm 较为接近；到 736nm 附近相关系数迅速接近于 0。736 ~ 1350nm 波段区间，冠层光谱反射率与 LAI 呈正相关，其中 736 ~ 760nm 波段，相关系数随着波长的增加而增加，达到 0.64，此区域色素对光能的吸收逐渐减弱，而细胞结构对光的反射开始增强。约在 940nm 附近，相关系数迅速下降，但下降幅度不大，且具有波动性。近红外区域 760 ~ 1350nm 对冠层及叶片结构表现敏感，与 LAI 的相关性达到了 0.01 的极显著水平。

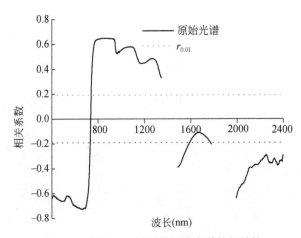

图 4-3 水稻 LAI 与冠层原始光谱的相关性

水稻在不同的生长发育阶段具有不同的生态特征，其对应的冠层光谱特征也会产生差异性，且不同生长发育阶段的 LAI 也会发生变化。针对 LAI 与水稻原始光谱反射率、导数光谱的相关性在不同生长发育阶段是否存在差异这个问题，本节对水稻拔节期、抽穗期、灌浆期、乳熟期的冠层原始光谱、导数光谱与水稻 LAI 的相关性进行了分析，见图 4-4。

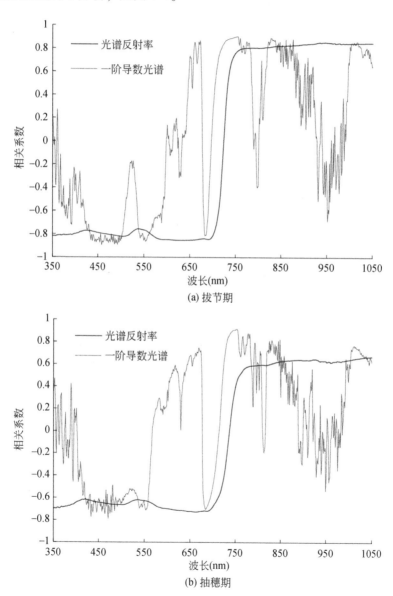

(a) 拔节期

(b) 抽穗期

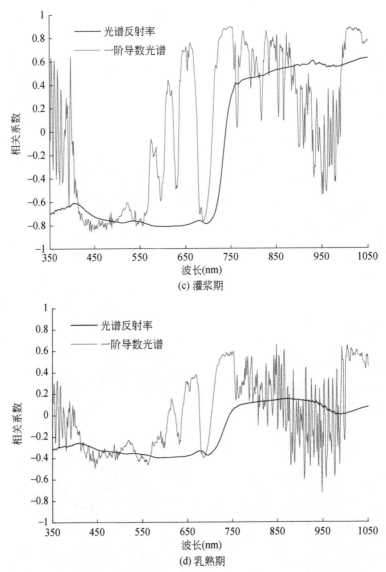

图 4-4　各生育期水稻冠层原始光谱、一阶导数光谱与 LAI 的相关分析

　　在对这四个生育期的冠层原始光谱与水稻 LAI 的相关系数所表现出来的变化特征的对比分析中可以看出，除了乳熟期外其他三个生育期原始光谱反射率与水稻 LAI 的相关系数变化规律都是类似的。在可见光波段，原始光谱反射率与 LAI 的相关性都是达到极显著检验水平的负相关关系；当位于"红边"处的时候，这二者之间的相关系数突然呈直线升高，从极显著的负相关的关系变成极显著的

正相关的关系，这二者之间相关系数的最高值出现在"红边"的肩部，它们之间的相关系数在到达近红外波段之后与"红边"肩部基本持平，波动相对较小。

从图4-4中可以发现，水稻在各个生育期的导数光谱与水稻LAI之间的相关系数在一些波段处高于原始光谱反射率与水稻LAI的相关系数，这主要是由于我们在对原始光谱数据进行微分处理的过程中去除了土壤、水等背景的影响。与前三个时期相比，乳熟期原始光谱反射率与水稻LAI的相关性不是很明显，而且二者之间的相关系数的值也很低。虽然我们对原始光谱进行了微分处理，从而使由此得到的水稻冠层导数光谱与水稻LAI的相关系数在一些波段范围内变好，但是总体上来看，相关系数的值依然较低。之所以出现这种现象，可能是因为随着水稻的成熟，叶绿素开始分解，叶片逐渐变黄、脱落，此时水稻的冠层光谱特征信息已经不明显。这也说明了在利用高光谱遥感信息反演水稻LAI时不能使用乳熟期水稻的光谱数据。

植被在不同生育期会表现出不同的生理生化特性，其差异在高光谱遥感分析中表现得十分显著。水稻LAI与冠层光谱反射率均随着水稻生育期的推进而发生变化。图4-5为不同生育期水稻冠层光谱反射率与LAI的相关性分析结果。

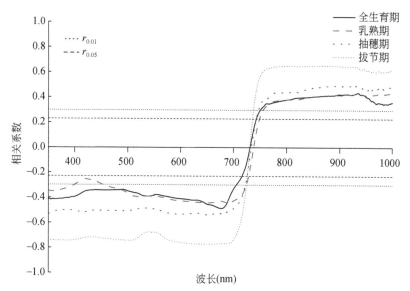

图4-5 不同生育期水稻冠层光谱反射率与LAI相关性

从图4-5中可以看出，水稻冠层光谱反射率与LAI的相关性在不同生育期和不同光谱波段内存在差异。同一生育期内，冠层光谱反射率与LAI在可见光波段的相关性高于其在近红外波段范围的相关性。不同生育期内，冠层光谱反射率与LAI的相关性随着水稻的生长发育在可见光和近红外波段均呈现出下降的趋势。

可见光波段内，不同生育期的冠层光谱反射率与 LAI 的相关系数在 350 ~ 700nm 内保持稳定，相关性在 700 ~ 730nm 附近急剧下降为 0，此后又逐渐增强，在近红外波段内趋于稳定。在 350 ~ 1000nm 内，不同生育期的冠层光谱反射率与 LAI 的相关性均通过了 0.05 显著性检验，除了乳熟期 400 ~ 450nm 波段内的相关系数之外，其余不同生育期的相关性均达到 0.01 显著性水平，可以利用水稻冠层光谱反射率对 LAI 进行估测。

4.2.2 叶面积指数与高光谱特征参数的相关性

根据 2017 年观测数据，将不同生育期的水稻 LAI 与相应冠层光谱的高光谱特征参数进行相关性分析，结果见表 4-2。

表 4-2 水稻 LAI 与高光谱特征参数的相关系数

参数类型	高光谱特征参数	生育期			
		抽穗期	乳熟期	蜡熟期	全生育期
红谷参数	R_o	-0.645 **	-0.445 **	-0.426 **	0.034
	λ_o	-0.546 **	-0.084	0.293 *	-0.120 *
	S_{R_o}	-0.637 **	-0.456 **	-0.426 **	0.036
绿峰参数	R_g	-0.634 **	-0.451 **	-0.285 *	0.009
	λ_g	-0.678 **	-0.560 **	-0.313 **	-0.050
	S_{R_g}	-0.624 **	-0.431 **	-0.243 *	0.001
蓝边参数	D_b	-0.294 *	-0.411 **	0.014	0.085
	λ_b	0.134	0.182	0.340 **	-0.100
	S_{D_b}	-0.393 **	-0.428 **	-0.165	0.091
黄边参数	D_y	-0.148	-0.365 **	-0.565 **	0.007
	λ_y	0.460 **	0.347 **	0.511 **	0.067
	S_{D_y}	-0.142	0.215	-0.630 **	0.079
红边参数	D_r	0.736 **	0.556 **	0.229	0.271 **
	λ_r	0.645 **	0.675 **	0.246 *	0.064
	S_{D_r}	0.688 **	0.576 **	**0.772 ****	**0.370 ****
比值参数	S_{D_r}/S_{D_b}	**0.743 ****	0.616 **	0.745 **	0.134 *
	S_{D_r}/S_{D_y}	-0.084	-0.619 **	-0.005	0.021

参数类型	高光谱特征参数	生育期			
		抽穗期	乳熟期	蜡熟期	全生育期
归一化参数	$(S_{D_r}-S_{D_b})$ / $(S_{D_r}+S_{D_b})$	0.715 **	**0.694 ****	0.771 **	0.246 **
	$(S_{D_r}-S_{D_y})$ / $(S_{D_r}+S_{D_y})$	−0.648 **	−0.672 **	0.649 **	−0.233 **

* 表示相关系数在 0.05 水平显著；** 表示相关系数在 0.01 水平显著。表中黑体表示该生育期相关系数最大值。

由表 4-2 可知，对于抽穗期，除 D_b、λ_b、D_y、S_{D_y}、S_{D_r}/S_{D_y}，其余高光谱参数与 LAI 的相关性均达到 0.01 相关水平，其中 S_{D_r}/S_{D_b} 相关系数为 0.743，相关性最强；对于乳熟期，除 λ_o、λ_b、S_{D_y}，其余高光谱参数与 LAI 的相关性均达到 0.01 相关水平，其中 $(S_{D_r}-S_{D_b})/(S_{D_r}+S_{D_b})$ 相关系数为 0.694，相关性最强；对于蜡熟期，R_o、S_{R_o}、λ_g、λ_b、S_{D_r}、S_{D_r}/S_{D_b}、黄边参数以及 2 个归一化参数与 LAI 的相关性均达到 0.01 相关水平，其中相关性最强的参数是 S_{D_r}，相关系数为 0.772；对于全生育期，只有 D_r、S_{D_r} 以及 2 个归一化参数与 LAI 的相关性达到 0.01 相关水平，相关性均较差，最高仅为 0.370。综上所述，在所有生育期，与 LAI 相关性最强的高光谱特征参数的相关性均弱于基于一阶导数光谱的特征波段与 LAI 的相关性，除全生育期，相关性均强于基于原始光谱的特征波段与 LAI 的相关性。通过对高光谱参数的通用性进行分析发现，同一参数在不同生育期与 LAI 的相关性有很大差异，通用性较差。

4.2.3　叶面积指数与植被指数的相关性

选择 2017 年观测数据，分别构建抽穗期、乳熟期、蜡熟期、全生育期水稻冠层原始光谱和导数光谱的植被指数，并与对应的 LAI 进行相关性分析，得到各生育期水稻 LAI 与不同光谱构建的植被指数的决定系数（R^2）等值线图。

不同生育期水稻 LAI 与原始光谱构建的植被指数的决定系数（R^2）等值线图如图 4-6 ~ 图 4-9 所示。等值线图中黄色表示相关性较高，黄色越亮，相关性越强；蓝色表示相关性较低，蓝色越浓，相关性越小。对比 4 类植被指数，同一生育期内不同植被指数与 LAI 相关性较强的波段组合范围比较接近；同一植被指数在不同生育期与相应 LAI 相关性较强的波段组合范围差异较大。

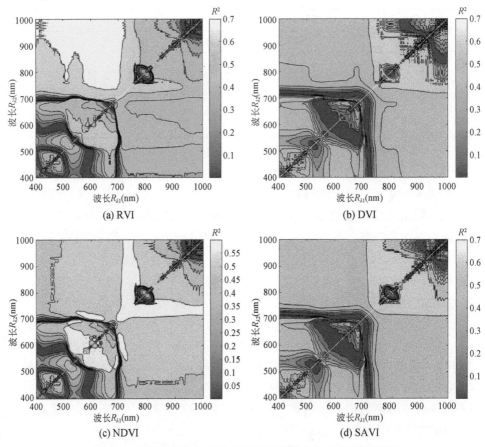

图 4-6　抽穗期 LAI 与原始光谱植被指数决定系数等值线图

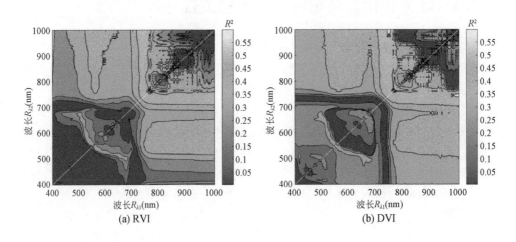

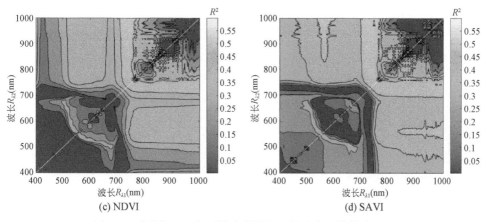

(c) NDVI　　　　　　　　　(d) SAVI

图 4-7　乳熟期 LAI 与原始光谱植被指数决定系数等值线图

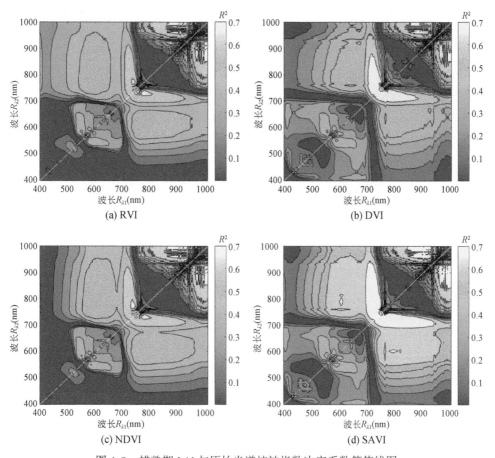

(a) RVI　　　　　　　　　(b) DVI

(c) NDVI　　　　　　　　　(d) SAVI

图 4-8　蜡熟期 LAI 与原始光谱植被指数决定系数等值线图

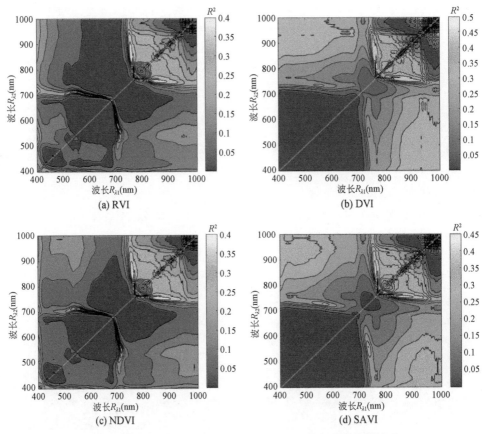

图4-9　全生育期LAI与原始光谱植被指数决定系数等值线图

　　不同生育期基于原始光谱构建的最佳植被指数的波段组合及相关系数见表4-3。由表4-3可知，所有基于原始光谱构建的最佳植被指数的波段组合均分布在730～960nm与670～960nm波段组合区域，与对应LAI的相关系数均达到0.66以上。除蜡熟期与LAI相关性最强的植被指数是SAVI，其余生育期均是DVI，相关性均强于特征波段和高光谱特征参数与LAI的相关性。

表4-3　原始光谱最佳植被指数的波段组合及相关系数

生育期	植被指数	RVI	DVI	NDVI	SAVI
抽穗期	波段组合	(959, 673)	(883, 875)	(756, 753)	(863, 855)
	相关系数	0.852 **	**0.879 **	0.837 **	0.845 **
乳熟期	波段组合	(866, 850)	(853, 838)	(866, 850)	(853, 838)
	相关系数	0.776 **	**0.801 **	0.775 **	0.787 **

续表

生育期	植被指数	RVI	DVI	NDVI	SAVI
蜡熟期	波段组合	(901，959)	(763，734)	(901，959)	(778，735)
	相关系数	0.858 **	0.883 **	0.858 **	**0.893 ****
全生育期	波段组合	(853，755)	(828，764)	(853，755)	(853，756)
	相关系数	0.666 **	**0.716 ****	0.661 **	0.690 **

** 表示相关系数在 0.01 水平显著。表中黑体表示该生育期相关系数最大值。

不同生育期水稻 LAI 与导数光谱构建的植被指数的决定系数（R^2）等值线图如图 4-10 ~ 图 4-13 所示。对比 4 类植被指数，同一生育期内，RVI、NDVI 与 LAI 相关性较强的波段组合范围比较接近，DVI、SAVI 与 LAI 相关性较强的波段组合范围比较接近。

不同生育期基于一阶导数光谱构建的最佳植被指数的波段组合及相关系数见表 4-4。由表 4-4 可知，所有植被指数的波段组合均分布在 730 ~ 840nm 与 400 ~ 780nm 波段组合区域，与对应 LAI 相关系数的绝对值均达到 0.66 以上。同一生育期内 DVI 和 SAVI 的波段组合一致，与 LAI 的相关系数相同，除抽穗期，相关性均较强；抽穗期与 LAI 相关性最强的是 RVI。综上所述，基于一阶导数光谱构建的最佳植被指数与 LAI 的相关性均强于特征波段和高光谱特征参数与 LAI 的相关性，在乳熟期和全生育期，相关性也强于基于原始光谱构建的最佳植被指数与 LAI 的相关性。

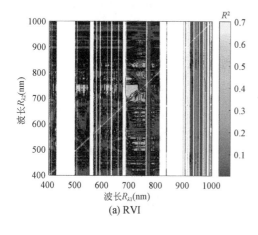

(a) RVI

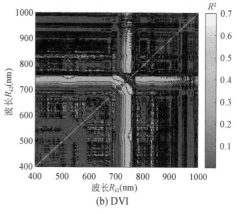

(b) DVI

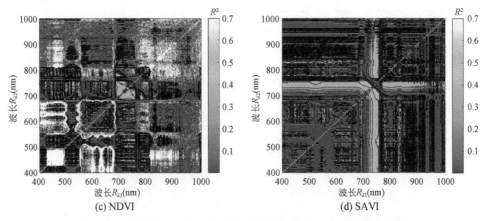

(c) NDVI   (d) SAVI

图 4-10   抽穗期 LAI 与一阶导数光谱植被指数决定系数等值线图

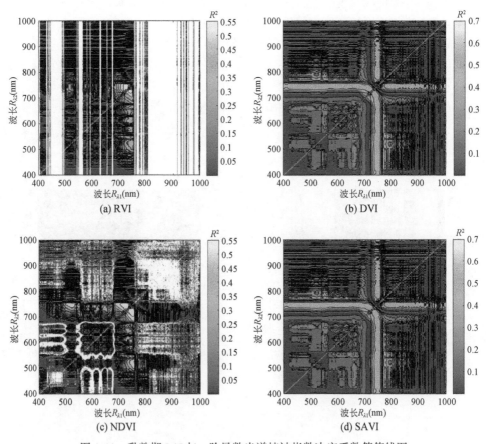

(a) RVI   (b) DVI

(c) NDVI   (d) SAVI

图 4-11   乳熟期 LAI 与一阶导数光谱植被指数决定系数等值线图

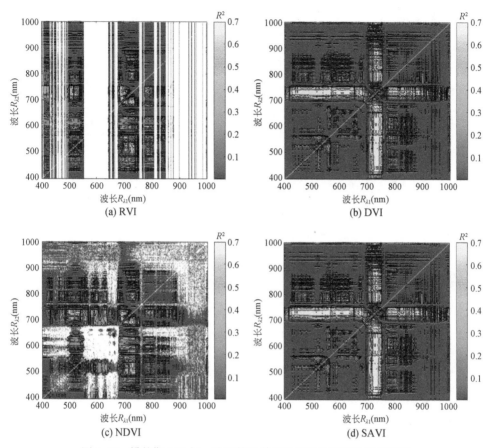

图 4-12　蜡熟期 LAI 与一阶导数光谱植被指数决定系数等值线图

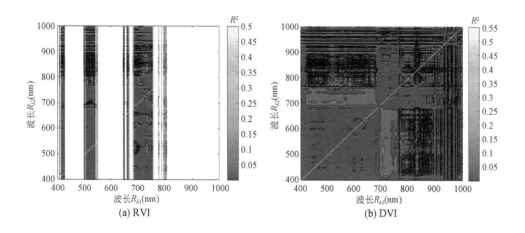

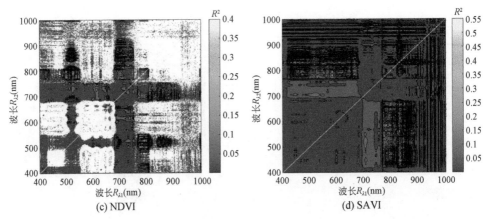

(c) NDVI   (d) SAVI

图 4-13 全生育期 LAI 与一阶导数光谱植被指数决定系数等值线图

表 4-4 导数光谱构建的最佳植被指数的波段组合及相关系数

生育期	植被指数	RVI	DVI	NDVI	SAVI
抽穗期	波段组合	(756, 594)	(836, 418)	(825, 560)	(836, 418)
	相关系数	**−0.868**[**]	0.858[**]	−0.855[**]	0.858[**]
乳熟期	波段组合	(738, 728)	(790, 775)	(738, 728)	(790, 775)
	相关系数	0.775[**]	**−0.837**[**]	0.774[**]	**−0.837**[**]
蜡熟期	波段组合	(737, 530)	(737, 535)	(737, 541)	(737, 535)
	相关系数	0.868[**]	**0.893**[**]	0.876[**]	**0.893**[**]
全生育期	波段组合	(840, 532)	(839, 596)	(840, 693)	(839, 596)
	相关系数	0.715[**]	**0.767**[**]	0.665[**]	**0.767**[**]

** 表示相关系数在 0.01 水平显著。表中黑体表示该生育期相关系数最大值。

4.3 水稻叶面积指数普通回归模型估测

4.3.1 基于特征波段的水稻叶面积指数估测

4.3.1.1 特征波段选择

根据相关性最强原则，以图 4-4 和图 4-5 为基础，选择与水稻 LAI 相关性最强的不同生育期的冠层光谱反射率波段，构建基于特征波段的水稻 LAI 估测模型，不同生育期水稻冠层光谱特征波段如表4-5所示。

表4-5　不同生育期水稻冠层光谱特征波段

生育期	特征波段（nm）	相关系数
拔节期	663	−0.770**
抽穗期	658	−0.534**
乳熟期	665	−0.440**
全生育期	676	−0.485**

** 代表通过 0.01 显著性检验。

由表4-5可以看出，不同生育期的特征波段均位于可见光红光波段范围内，这与王秀珍等（2004）的结果类似，且其相关系数均达到 0.01 极显著水平，可以用于特征波段对 LAI 的估测。

4.3.1.2　基于特征波段的水稻叶面积指数估测建模

以特征波段的光谱反射率为自变量，对应生育期的 LAI 为因变量，通过 R^2、RMSE、REP 对模型精度进行评价，构建水稻 LAI 的不同生育期的统计模型，其模型参数如表4-6所示。

由表4-6可以看出，不同生育期的水稻 LAI 估测模型及其精度存在较大差异。拔节期，最佳 LAI 估测模型为指数模型，其 R^2、RMSE 和 REP 分别为 0.711、0.587 和 56.06%。抽穗期，多项式模型对 LAI 估测效果最佳，其 R^2 为该生育期内所有估测模型的最大值，且 RMSE 最小。对于乳熟期和全生育期，其各估测模型的精度均较低，最大 R^2 仅为 0.220 和 0.374。

总体来说，基于特征波段的不同生育期的水稻 LAI 估测模型精度随着水稻的生长发育而逐渐降低，其中拔节期的指数模型和抽穗期的多项式模型对 LAI 的估测更为准确。

表4-6　基于特征波段的不同生育期水稻 LAI 估测模型

生育期	模型	表达式	R^2	RMSE	REP（%）
拔节期	指数	$y=3.383\,e^{-27.78x}$	0.711	0.587	56.06
	线性	$y=-33.886x+2.7773$	0.594	0.581	64.96
	对数	$y=-1.113\ln x-2.3605$	0.574	0.595	59.74
	多项式	$y=304.39\,x^2-59.384x+3.1485$	0.610	0.569	58.52
	幂函数	$y=0.053\,x^{-0.899}$	0.666	0.690	59.23

生育期	模型	表达式	R^2	RMSE	REP（%）
抽穗期	指数	$y=7.175\,e^{-97.68x}$	0.377	1.079	63.22
	线性	$y=-249.58x+5.561$	0.391	1.082	68.96
	对数	$y=-3.089\ln x-11.24$	0.433	1.044	66.32
	多项式	$y=23057\,x^2-839.3x+9.009$	0.451	1.027	63.81
	幂函数	$y=0.011\,x^{-1.193}$	0.406	1.053	61.81
乳熟期	指数	$y=4.8711\,e^{-18.13x}$	0.213	1.271	65.17
	线性	$y=-43.394x+4.4537$	0.194	1.245	70.20
	对数	$y=-1.632\ln x-2.6422$	0.195	1.244	69.73
	多项式	$y=504.46\,x^2-87.169x+5.2979$	0.206	1.236	69.07
	幂函数	$y=0.244\,x^{-0.691}$	0.220	1.290	65.07
全生育期	指数	$y=4.372\,e^{-27.15x}$	0.374	1.212	67.43
	线性	$y=-44.351x+3.6622$	0.235	1.162	73.22
	对数	$y=-1.201\ln x-2.017$	0.192	1.195	75.75
	多项式	$y=-122.94\,x^2-35.124x+3.523$	0.236	1.161	73.99
	幂函数	$y=0.1415\,x^{-0.723}$	0.294	1.284	70.02

4.3.2 基于植被指数的水稻叶面积指数估测

健康绿色植物在近红外波段和红光波段的反射差异很大，在红波段是强吸收，在近红外波段是高反射、高透射。通过近红外和红光波段的不同组合将包含90%以上的植被信息，由近红外波段和红光波段构成的植被指数可以有效增强植被信息，削弱土壤背景信息，植被指数常被作为诊断LAI的参数。本节选择以往学者研究中与水稻LAI相关性较好的4个植被指数来反演水稻LAI，包括RVI、DVI、NDVI以及MSAVI2，各植被指数计算公式见表1-2。

在数据分析前利用光谱仪自带的处理软件将采集的水稻冠层光谱数据进行处理并导出，剔除受仪器和外界干扰较大的350～400nm波段以及3个噪声严重的水汽吸收波段，即1350～1480nm、1780～1990nm和2400～2500nm。剔除后剩余415个数据波段。通过构建400～2400nm之间415个波段的任意两波段组合构成的4个植被指数，寻找反演水稻LAI的最优波段组合。然后以高光谱植被指数为自变量建立水稻LAI的回归模型，最后对模型精度进行评价。以决定系数（R^2）、均方根误差（RMSE）和预测相对误差（REP）作为精度评价标准，并绘制实测值与模型估测值之间的1∶1图。

4.3.2.1 建模植被指数选择

传统的植被指数是基于近红外和红波段等特定波段的，本研究依靠高光谱数据波段多的优势，通过构建任意两波段组合组成新型植被指数，并分别与水稻 LAI 进行相关分析，寻找反演水稻 LAI 的植被指数的最优波段组合。依据 2014～2015 年观测数据计算得到的决定系数（R^2）等势图如图 4-14 所示。

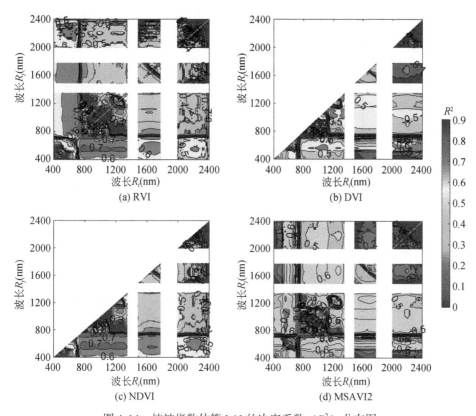

图 4-14　植被指数估算 LAI 的决定系数（R^2）分布图

根据 4 个植被指数的计算公式以及 R^2 矩阵的对称性，其中 RVI［图 4-14（a）］与 MSAVI2［图 4-14（d）］为全矩阵，而 DVI［图 4-14（b）］和 NDVI［图 4-14（c）］为三角矩阵。由图 4-14 可见，每个图中均存在一定范围的红色区域（$R^2>0.7$），表示这些波段组合与 LAI 的相关性达到较高水平，其中 RVI 与 LAI 决定系数大于 0.6 的区域最多，DVI 和 MSAVI2 与 LAI 相关性较好的波段范围相对较窄。对于 4 种植被指数，与 LAI 相关性较高的波段组合范围较接近，均是分布在 670～770nm 与 700～1350nm 的组合。根据 R^2 最大的原则，选择最佳波段组合来构建反演水稻 LAI 的植被指数，4 个植被指数分别为 $RVI_{(848,752)}$、$DVI_{(852,760)}$、$NDVI_{(852,752)}$ 和 $MSAVI2_{(800,672)}$。

4.3.2.2　基于植被指数的水稻叶面积指数估测模型构建及检验

以水稻 LAI 为因变量，分别以 $RVI_{(848,752)}$、$DVI_{(852,760)}$、$NDVI_{(852,752)}$ 和 $MSA-VI2_{(800,672)}$ 为自变量，建立水稻 LAI 的线性和非线性回归模型，见表4-7。通过比较表4-7 中各模型的 R^2 可知，不同植被指数构建的水稻 LAI 估算模型中，RVI 模型的拟合效果最好，R^2 最小 0.740，最大 0.801，达到极显著水平；其次为 DVI模型，最差的是 NDVI 模型。

表4-7　水稻 LAI 的植被指数估算模型

植被指数	模型	表达式	R^2
RVI	线性	$y = 15.63x - 15.506$	0.754
	指数	$y = 0.0004e^{7.449x}$	0.801
	对数	$y = 17.415\ln x + 0.054$	0.740
	二次多项式	$y = 63.49x^2 - 127.52x + 64.933$	0.796
	幂	$y = 0.6823x^{8.345}$	0.786
DVI	线性	$y = 46.294x - 0.4778$	0.743
	指数	$y = 0.846e^{21.833x}$	0.773
	对数	$y = 0.946\ln x + 5.512$	0.520
	二次多项式	$y = 623.12x^2 + 0.5617x + 1.030$	0.752
	幂	$y = 10.035x^{0.473}$	0.609
NDVI	线性	$y = 32.47x + 0.211$	0.646
	指数	$y = 0.725e^{15.821x}$	0.718
	对数	$y = 1.047\ln x + 5.246$	0.443
	二次多项式	$y = 416.04x^2 - 13.107x + 1.130$	0.701
	幂	$y = 9.081x^{0.534}$	0.540

续表

植被指数	模型	表达式	R^2
MSAVI2	线性	$y = 5.429x - 0.36$	0.669
	指数	$y = 0.559e^{2.604x}$	0.721
	对数	$y = 2.013\ln x + 3.852$	0.578
	二次多项式	$y = 8.536x^2 - 2.291x + 1.133$	0.710
	幂	$y = 4.314x^{0.991}$	0.656

对4种植被指数而言，不同函数形式的估算模型相比较，最适合的拟合模型为指数模型，其次为二次多项式模型，最差的为对数模型。分析其原因，主要是随着水稻的生长发育，叶片之间相互重叠、遮盖越来越严重，LAI与覆盖度之间呈现出非线性关系，覆盖度的增加越来越缓慢，由此导致冠层光谱在红外波段的反射率增长减缓，LAI与各种植被指数之间呈非线性关系，这与刘占宇等（2008）的研究结果相一致。4种植被指数的最佳估算模型——指数模型的估测效果见图4-15。

由图4-15可知，4种植被指数在反映LAI的变化趋势时，绝大多数样本点都位于95%置信区间内，但4个植被指数模型对LAI的估测能力有所差异。在水稻生育初期，即当LAI<3时，4个模型均能较好地反映水稻LAI与植被指数的变化关系；随着生育期的推进，到达抽穗后期，即当LAI>4时，4个模型均出现不同程度的饱和现象。其中RVI模型的总体拟合精度最高，但是后期由于受到叶绿素含量降低的影响，RVI的敏感度降低，在一定程度上造成了拟合度下降。DVI模型总体拟合精度次之，由于DVI对土壤噪声反应敏感，在植被覆盖度较低即土壤噪声较大时拟合精度比RVI模型的低；到抽穗期后期由于植被覆盖度升高，相应土壤背景噪声减小，此时的DVI模型对植被的敏感度提高，拟合精度优于RVI模型。另外，两个植被指数NDVI和MSAVI2在抽穗后对LAI的估测效果欠佳，NDVI的局限性表现在其饱和度低（Carlson and Ripley，1997），受土壤背景影响明显，当植被覆盖度高（LAI >3）时具有较低的敏感度，主要适用于水稻生育早期即植被覆盖度低的时期；MSAVI2较NDVI虽然可以更好地消除土壤背景等对反射光谱造成的影响，但可能丢失部分植被信息，一般适合植被覆盖度变化较小时的LAI提取。综上所述，RVI和DVI整体表现较好，选用它们为变量建立的回归模型来估测LAI。

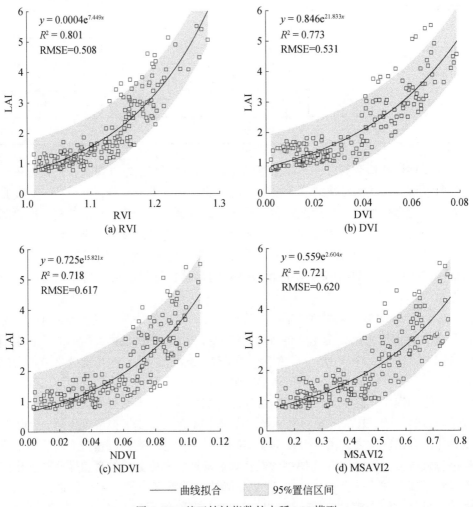

图 4-15　基于植被指数的水稻 LAI 模型

　　为了检验由 RVI 和 DVI 为变量建立的回归模型在估算水稻 LAI 时的可靠性和普适性，选择同一时期测得的大田水稻以及 2014 年的小区水稻独立数据进行验证，检验结果如图 4-16 所示。对比发现，对两个植被指数构建的模型而言，不管是以小区试验还是大田试验数据作为检验样本，都以 RVI 为变量建立的回归模型估测值和实测值之间的一致性较好，估测值和实测值之间的决定系数（R^2）分别为 0.784 和 0.770，均方根误差 RMSE 分别为 0.475 和 0.489，REP 分别为 12.3% 和 13.7%。

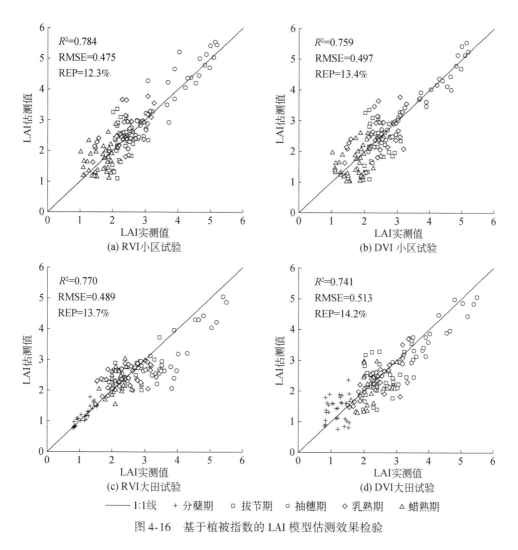

图 4-16　基于植被指数的 LAI 模型估测效果检验

对于同一植被指数构建的模型而言，小区试验样本的检验精度要高于大田试验，原因可能是建模样本也是基于小区数据，种植和管理方式以及水稻所处的环境背景也同样与小区检验样本一致，而大田检验样本水稻土壤背景与小区相差很大，这在一定程度上造成光谱反射率的差异。对于不同生育期而言，在水稻分蘖期，RVI 模型的估测精度要高于 DVI 模型，检验样本点均较好地分布于 1∶1 线附近，拔节期两个模型的估测能力相差不大，而抽穗期 DVI 模型的估测精度要比RVI 模型高，乳熟期和蜡熟期也以 RVI 模型的估测精度最好。

总体而言，DVI 模型的 RMSE 和 REP 均高于 RVI 模型，因此，估测水稻 LAI的最优植被指数为 RVI。薛利红等（2004）在研究水稻冠层光谱反射率与 LAI 的关系时也发现 RVI 与 LAI 的相关性要高于 NDVI 和 DVI，但用 RVI 构建的 LAI 估算模型与本研究结果有所差异。通过高光谱手段估算 LAI 依赖于土壤背景和植被的比例，而水稻的冠层光谱包含植被和部分积水覆盖土壤的混合光谱信息，这是造成差异的主要原因。

4.3.3 基于光谱参数的水稻叶面积指数估测

4.3.3.1 水稻叶面积指数与光谱参数的相关性

将拔节期、抽穗期、灌浆期 3 个生育期水稻冠层光谱参数与水稻 LAI 进行相关性分析，结果如表 4-8 所示。

表 4-8 水稻 LAI 与原始光谱反射率参数的相关系数

类别	光谱特征变量	拔节期	抽穗期	灌浆期
基于光谱位置变量	λ_g	-0.8994^{**}	-0.6779^{**}	-0.7254^{**}
	R_g	-0.7783^{**}	-0.6315^{**}	-0.7804^{**}
	λ_v	-0.5179^{**}	-0.3394^{*}	-0.1243
	R_v	-0.8415^{**}	-0.7211^{**}	-0.7648^{**}
基于光谱面积变量	S_{R_g}	-0.7776^{**}	-0.6294^{**}	-0.7711^{**}
	S_{R_v}	-0.8460^{**}	-0.7237^{**}	-0.7795^{**}
基于光谱植被指数变量	S_{R_g}/S_{R_v}	0.8432^{**}	0.7414^{**}	0.6422^{**}
	$(S_{R_g}-S_{R_v})/(S_{R_g}+S_{R_v})$	0.8721^{**}	0.7137^{**}	0.6520^{**}

　* $p<0.05$；** $p<0.01$。

从表 4-8 中可以看出，在原始光谱反射率参数中基于光谱位置变量的 λ_g、R_g、λ_v、R_v 以及基于光谱面积变量的 S_{R_g}、S_{R_v} 与拔节期、抽穗期和灌浆期的水稻 LAI 均呈负相关，除了抽穗期和灌浆期的 λ_v 外，其余的光谱特征变量与 LAI 的相关性均通过了极显著的检验水平；对所有的原始光谱反射率参数进行比较可以发现，λ_v 与水稻不同生育期的 LAI 之间的相关系数是最低的。拔节期、抽穗期和灌浆期的水稻 LAI 与 S_{R_g}/S_{R_v}、$(S_{R_g}-S_{R_v})/(S_{R_g}+S_{R_v})$ 均呈极显著正相关。

4.3.3.2 水稻叶面积指数光谱参数估算模型构建

选取各类别光谱参数中相关性达到极显著检验水平，且相关系数值最高的光谱参数为自变量，应用 2014 年的数据，构建不同生育期水稻 LAI 的估算模型，结果见表 4-9。

表 4-9 水稻不同生育期 LAI 反射率参数估算模型

生育期	光谱特征变量	最佳回归方程	R^2
拔节期	λ_g	$Y = 9 \times 10^{43} e^{-0.182x}$	0.810
	S_{R_v}	$Y = 2.278\,38 e^{-0.707x}$	0.745
	$(S_{R_g} - S_{R_v}) / (S_{R_g} + S_{R_v})$	$Y = 0.346\,4 e^{3.765\,3x}$	0.775
抽穗期	R_v	$Y = 144\,696x^3 - 15\,791x^2 + 406.91x + 1.759\,3$	0.589
	S_{R_v}	$Y = 1.506\,9x^3 - 7.781\,9x^2 + 9.825\,1x + 1.176\,6$	0.588
	S_{R_g} / S_{R_v}	$Y = 1.712\,1x^2 - 3.579\,4x + 1.816\,7$	0.565
灌浆期	R_g	$Y = 30\,670x^3 - 9\,507.6x^2 + 873.93x - 19.31$	0.663
	S_{R_v}	$Y = 0.440\,3x^2 - 4.471\,5x + 12.127$	0.671
	$(S_{R_g} - S_{R_v}) / (S_{R_g} + S_{R_v})$	$Y = -487.59x^3 + 295x^2 - 32.451x + 1.834$	0.444

从表 4-9 中可知，拔节期，光谱特征变量 λ_g、S_{R_v}、$(S_{R_g} - S_{R_v})/(S_{R_g} + S_{R_v})$ 与水稻 LAI 的最佳拟合方程的决定系数 （R^2） 是所有生育期中最高的，并且基于光谱位置变量的 λ_g 与水稻 LAI 的最佳拟合方程的决定系数 （R^2） 最大，为 0.810。抽穗期基于光谱位置变量的 R_v、基于光谱面积变量的 S_{R_v}、基于光谱植被指数变量的 S_{R_g}/S_{R_v} 与水稻 LAI 的最佳拟合方程的决定系数 （R^2） 相对较低，并且 R_v 和 S_{R_v} 与水稻 LAI 的最佳拟合方程的决定系数 （R^2） 均大于 S_{R_g}/S_{R_v} 与水稻 LAI 的最佳拟合方程的决定系数 （R^2）。灌浆期，基于光谱位置变量的 R_g、基于光谱面积变量的 S_{R_v}、基于光谱植被指数变量的 $(S_{R_g} - S_{R_v})/(S_{R_g} + S_{R_v})$ 与水稻 LAI 的最佳拟合方程的决定系数 （R^2） 较高，其中 $(S_{R_g} - S_{R_v})/(S_{R_g} + S_{R_v})$ 与水稻 LAI 的最佳拟合方程的决定系数 （R^2） 最小 （为 0.444）。

4.3.3.3 水稻叶面积指数光谱反射率参数模型检验

为了验证模型的估测精度，应用 2015 年的实测数据，选取 RMSE、REP 两个评价指标对估算模型进行检验，其结果见表 4-10。从表 4-10 中可以看出，拔节期的 RMSE、REP 是最小的，抽穗期的 RMSE、REP 是最大的。故对水稻的 LAI 进行估算时可以优先考虑使用拔节期和灌浆期的水稻数据。除了灌浆期外，拔节期和抽穗期的基于光谱植被指数变量的水稻 LAI 估算模型要优于水稻其他的原始光谱反射率参数的水稻 LAI 估算模型。

表 4-10 水稻 LAI 光谱参数模型检验

生育期	光谱特征变量	RMSE	REP（%）
拔节期	λ_g	0.723	33.8
	S_{R_v}	0.694	35.2
	$(S_{R_g}-S_{R_v})/(S_{R_g}+S_{R_v})$	0.618	31.8
抽穗期	R_v	2.189	116.2
	S_{R_v}	2.183	115.7
	S_{R_g}/S_{R_v}	3.555	95.2
灌浆期	R_g	1.841	48.4
	S_{R_v}	1.960	47.1
	$(S_{R_g}-S_{R_v})/(S_{R_g}+S_{R_v})$	1.878	50.4

4.3.4 基于"三边"参数的水稻叶面积指数估测

4.3.4.1 叶面积指数与"三边"参数的相关性

选取拔节期、抽穗期、灌浆期的水稻"三边"参数与相对应的 LAI 进行相关性分析，结果如表 4-11 所示。

从表 4-11 中可以看出，所有生育期基于光谱植被指数变量的 S_{D_r}/S_{D_b}、S_{D_r}/S_{D_y}、$(S_{D_r}-S_{D_b})/(S_{D_r}+S_{D_b})$、$(S_{D_r}-S_{D_y})/(S_{D_r}+S_{D_y})$ 与水稻 LAI 均呈极显著正相关，并且相关系数相对较高。拔节期基于光谱位置变量 λ_y 与水稻 LAI 的相关系数最大且达到了极显著正相关。抽穗期基于光谱植被指数变量 $(S_{D_r}-S_{D_b})/(S_{D_r}+S_{D_b})$ 与水稻 LAI 的相关系数最高且呈极显著正相关。灌浆期基于光谱植被指数变量 S_{D_r}/S_{D_b} 与水稻 LAI 的相关系数最大为 0.9128。

表 4-11　水稻 LAI 与"三边"参数的相关系数

类别	光谱特征变量	拔节期	抽穗期	灌浆期
基于光谱位置变量	λ_b	0.3012	0.2100	0.3179
	D_b	−0.1819	−0.5198**	−0.6411**
	λ_y	0.9210**	0.3236	0.5827**
	D_y	−0.5755**	−0.0973	−0.6766**
	λ_r	0.8006**	0.8444**	0.8980**
	D_r	0.8597**	0.6129**	0.0933
基于光谱面积变量	S_{D_b}	−0.4986**	−0.5686**	−0.6961**
	S_{D_y}	0.5240**	−0.3012	0.0379
	S_{D_r}	0.8479**	0.6071**	0.6180**
基于光谱植被指数变量	S_{D_r}/S_{D_b}	0.9099**	0.7957**	0.9128**
	S_{D_r}/S_{D_y}	0.8188**	0.7397**	0.6284**
	$(S_{D_r}-S_{D_b})/(S_{D_r}+S_{D_b})$	0.9108**	0.8584**	0.8912**
	$(S_{D_r}-S_{D_y})/(S_{D_r}+S_{D_y})$	0.7473**	0.7915**	0.6183**

**代表通过 0.01 显著性检验。

4.3.4.2　水稻叶面积指数"三边"参数估算模型构建

在水稻的每个生育期，选取"三边"参数与水稻 LAI 相关性达到极显著检验的水平，且相关系数值最高的光谱参数作为光谱变量，应用 2014 年的观测数据，建立水稻 LAI 估算模型，结果见表 4-12。

表 4-12　基于"三边"参数的水稻不同生育期 LAI 估算模型

生育期	光谱特征变量	最佳拟合方程	R^2
拔节期	λ_y	$Y=1\times10^{-5}\,e^{0.019\,3x}$	0.862
	S_{D_r}	$Y=6.961\,7x^{1.078\,4}$	0.785
	$(S_{D_r}-S_{D_b})/(S_{D_r}+S_{D_b})$	$Y=14.12x^2-15.469x+4.566\,5$	0.893
抽穗期	λ_r	$Y=4\times10^{-15}\,e^{0.047\,4x}$	0.748
	S_{D_r}	$Y=3.400\,5x^2+11.275x-1.640\,4$	0.369
	$(S_{D_r}-S_{D_b})/(S_{D_r}+S_{D_b})$	$Y=-2\,351.5x^3+5\,596x^2-4\,398x+1\,144.1$	0.786
灌浆期	λ_r	$Y=1\times10^{-94}\,x^{33.091}$	0.829
	S_{D_b}	$Y=33\,1108x^3-46\,450x^2+1\,945.2x-19.868$	0.524
	S_{D_r}/S_{D_b}	$Y=0.038\,9x^{2.1438}$	0.865

由表 4-12 可知，在拔节期，光谱特征变量 λ_y、S_{D_r}、$(S_{D_r}-S_{D_b})/(S_{D_r}+S_{D_b})$ 与水稻 LAI 的最佳拟合方程的 R^2 均最高；抽穗期基于光谱位置变量的 λ_r、基于光谱面积变量的 S_{D_r}、基于光谱植被指数变量的 $(S_{D_r}-S_{D_b})/(S_{D_r}+S_{D_b})$ 与水稻 LAI 的最佳拟合方程的 R^2 相对较高；在灌浆期，基于光谱位置变量的 λ_r、基于光谱面积变量的 S_{D_b}、基于光谱植被指数变量的 S_{D_r}/S_{D_b} 与水稻 LAI 的最佳拟合方程的 R^2 较高。通过对比可以看出，在所有生育期，基于光谱面积变量的回归模型的决定系数均低于基于光谱位置变量和基于光谱植被指数变量的回归模型的决定系数，尤其是抽穗期的 R^2 最低（为 0.369）。

4.3.4.3 "三边"参数估算模型检验

为验证模型的估测效果，本研究应用 2015 年的水稻光谱数据和 LAI 数据，选取 RMSE、REP 两个指标对表 4-13 中每个生育期的水稻 LAI 估测模型的精度进行了检验。其结果见表 4-13。从表 4-13 中可以看出，拔节期和抽穗期均是基于光谱面积变量 S_{D_r} 的水稻 LAI 的估算模型的检验精度最高，RMSE 和 REP 均最小。而灌浆期基于光谱植被指数变量 S_{D_r}/S_{D_b} 的水稻 LAI 的估算模型的检验精度最高。

表 4-13　基于"三边"参数的水稻 LAI 估算模型检验

生育期	光谱特征变量	RMSE	REP（%）
拔节期	λ_y	0.734	54.9
	S_{D_r}	0.474	32.6
	$(S_{D_r}-S_{D_b})/(S_{D_r}+S_{D_b})$	0.499	32.6
抽穗期	λ_r	2.195	91.4
	S_{D_r}	0.749	26.7
	$(S_{D_r}-S_{D_b})/S_{D_r}+S_{D_b}$	1.292	56.0
灌浆期	λ_r	1.925	47.6
	S_{D_b}	1.896	63.5
	S_{D_r}/S_{D_b}	1.751	46.5

4.4　水稻叶面积指数多元模型估测

4.4.1　基于 BP 神经网络的叶面积指数估测

为了提高水稻 LAI 估测模型的精度，采用 BP 神经网络构建基于植被指数的水稻不同生育期 LAI 估测模型。本书采用的植被指数为表 1-2 所示，通过逐波段构建 6 个不同的植被指数，同时计算其与 LAI 的相关系数，得到各生育期植被指数与 LAI 的相关系数（r）的等势图，如图 4-17 ~ 图 4-20 所示。

从各生育期植被指数与 LAI 的相关系数等势图可以看出，6 个植被指数中 RVI、MVI 和 MSAVI2 3 类植被指数与 LAI 的相关系数沿对角线非对称分布，而其他 3 类植被指数均沿对角线对称分布。各生育期植被指数与 LAI 的相关系数随着水稻的生长发育呈现逐渐降低的趋势，各生育期内最大相关系数从拔节期的 0.8 下降到乳熟期的不足 0.7，这与冠层原始光谱反射率和 LAI 的相关性在不同生育期的变化规律保持一致。

不同生育期内各植被指数相关系数图像中均存在相关性较高（红色）的区域，但其具体分布却各有不同。以拔节期为例，LAI 与植被指数相关系数大于 0.8 的波段组合区域分别为 NDVI 的 750 ~ 1000nm 与 520 ~ 610nm、750 ~ 1000nm 与 695 ~ 710nm，DVI 的 470 ~ 490nm 与 470 ~ 490nm，RVI 的 510 ~ 590nm 与 730 ~ 1000nm、700 ~ 720nm 与 700 ~ 1000nm，MVI 的 710 ~ 1000nm 与 520 ~ 610nm、700 ~ 1000nm 与 700 ~ 720nm，SAVI 的 460 ~ 490nm 与 460 ~ 490nm，以及 MSAVI2 的 460 ~ 490nm 与 460 ~ 490nm 等区域。

表 4-14 中列出不同生育期各植被指数最佳波段组合及其与 LAI 的相关系数。从表 4-14 中可以看出，同一生育期内不同植被指数的最佳波段组合略有差异，如拔节期内 NDVI 最佳波段组合为 946nm 与 702nm，RVI 和 MVI 最佳组合波段为 946nm 与 709nm，DVI、SAVI 和 MSAVI2 的最佳组合波段为 458nm 与 457nm。不同生育期内植被指数与 LAI 的相关性也存在差异，如拔节期内相关系数为 0.810 ~ 0.819；此后植被指数与 LAI 的相关性逐渐降低，在乳熟期时，相关系数为 0.693 ~ 0.704。对于全生育期，相关系数均大于 0.644，其中 SAVI 与 LAI 的相关性最高，达到 0.671。

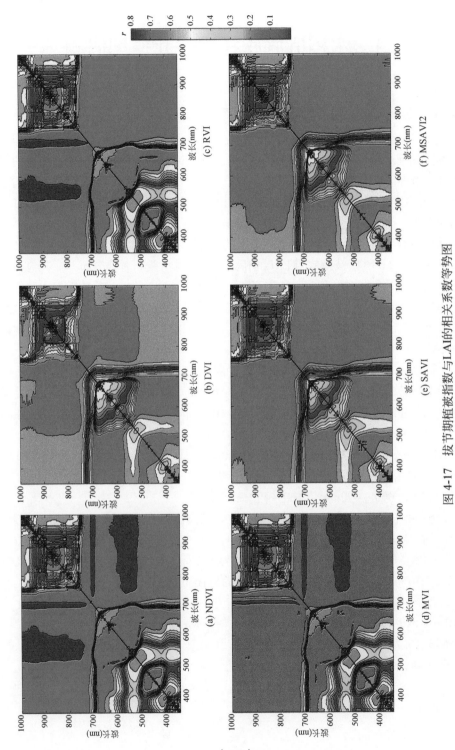

图 4-17 拔节期植被指数与LAI的相关系数等势图

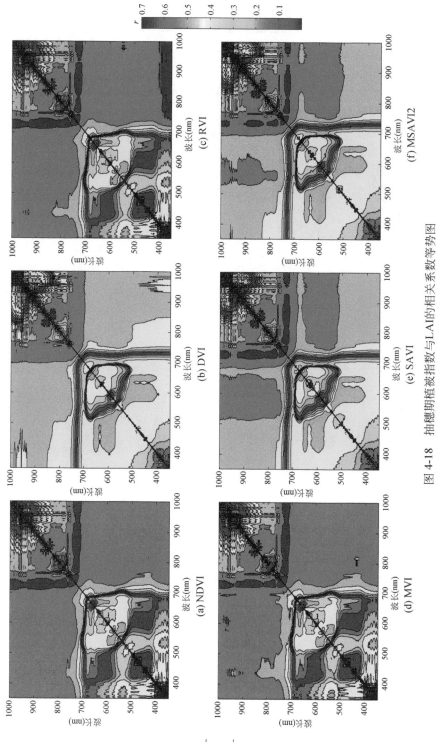

图 4-18 抽穗期植被指数与LAI的相关系数等势图

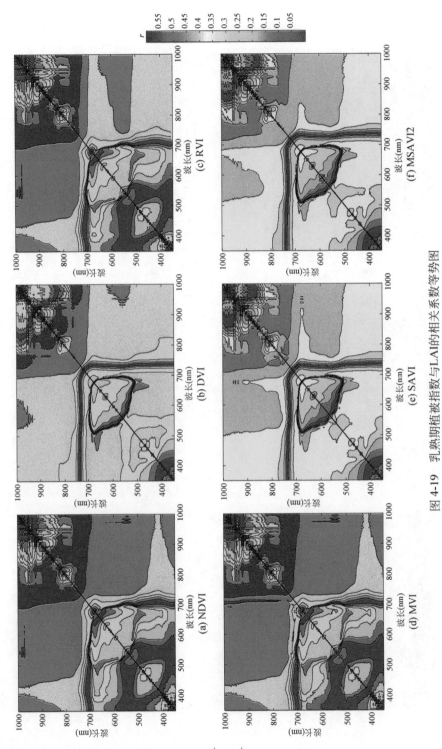

图 4-19 乳熟期植被指数与LAI的相关系数等势图

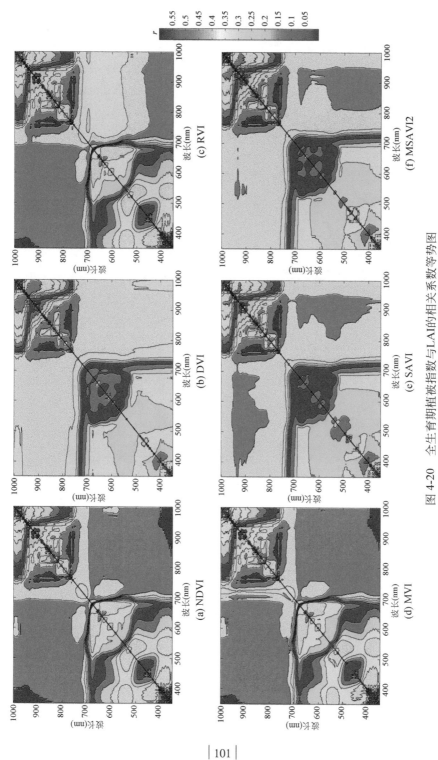

图 4-20　全生育期植被指数与 LAI 的相关系数等势图

表 4-14　不同生育期各植被指数最佳波段组合及其与 LAI 的相关系数

生育期	植被指数	波段组合（nm）	相关系数
拔节期	NDVI	(946, 702)	0.810
	RVI	(946, 709)	0.814
	DVI	(458, 457)	0.816
	MVI	(946, 709)	0.819
	SAVI	(458, 457)	0.818
	MSAVI2	(458, 457)	0.817
抽穗期	NDVI	(843, 830)	0.775
	RVI	(840, 843)	0.775
	DVI	(842, 841)	0.787
	MVI	(843, 840)	0.775
	SAVI	(842, 841)	0.783
	MSAVI2	(841, 842)	0.785
乳熟期	NDVI	(995, 764)	0.697
	RVI	(764, 995)	0.697
	DVI	(975, 760)	0.693
	MVI	(995, 764)	0.697
	SAVI	(995, 763)	0.702
	MSAVI2	(924, 906)	0.704
全生育期	NDVI	(833, 767)	0.666
	RVI	(833, 767)	0.666
	DVI	(838, 769)	0.644
	MVI	(767, 833)	0.666
	SAVI	(831, 767)	0.671
	MSAVI2	(767, 831)	0.668

　　将表 4-14 中所列出的各生育期植被指数作为 BP 神经网络的输入层，以各生育期的 LAI 作为输出变量，建立 BP 神经网络模型。通过对 BP 神经网络模型的多次训练确定 BP 神经网络隐含层的层数，总样本的 2/3 作为建模样本，剩余样本作为模型检验样本，用来检验 BP 神经网络训练模型的适用性和模型的精度。结果列于表 4-15 中。

表 4-15　水稻不同生育期 BP 神经网络的 LAI 估算模型

生育期	隐藏层节点	建模精度			验证精度		
		R^2	RMSE	REP（%）	R^2	RMSE	REP（%）
拔节期	5	0.664	0.438	48.48	0.841	0.325	40.91
抽穗期	10	0.602	0.968	51.70	0.836	0.611	43.90
乳熟期	5	0.525	0.765	48.47	0.731	0.627	43.86
全生育期	11	0.434	0.663	49.85	0.638	0.567	46.30

从表 4-15 中可以看出，不同生育期的 LAI 估测模型结构和精度均存在较大差异。拔节期和乳熟期的最佳估测模型的结构为 6-5-1，而抽穗期与全生育期分别为 6-10-1 和 6-11-1 结构。从模型训练结果来看，各生育期模型的精度随着水稻生长发育而逐渐降低，其中拔节期的模型估测精度为最高，其 R^2、RMSE 和 REP 分别为 0.664、0.438 和 48.48%，而全生育期的模型估测精度最低，其 R^2 仅为 0.434。对各生育期内模型的验证结果也验证了这一规律，从拔节期到抽穗期，R^2 从拔节期的 0.841 下降到乳熟期的 0.731，而全生育期仅为0.638。总的来说，拔节期内基于 BP 神经网络的 LAI 估测模型相对其余生育期的模型更加稳定，精度更高。各生育期 BP 神经网络模型训练和验证结果见图 4-21 和图 4-22。

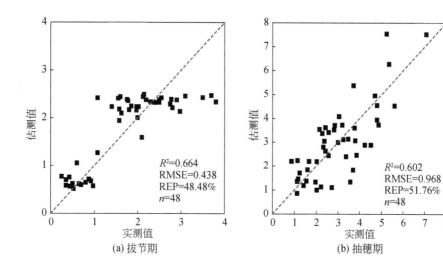

(a) 拔节期　　　　　　　　　(b) 抽穗期

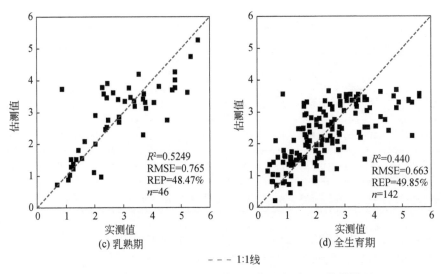

图 4-21　不同生育期基于 BP 神经网络的水稻 LAI 估算模型

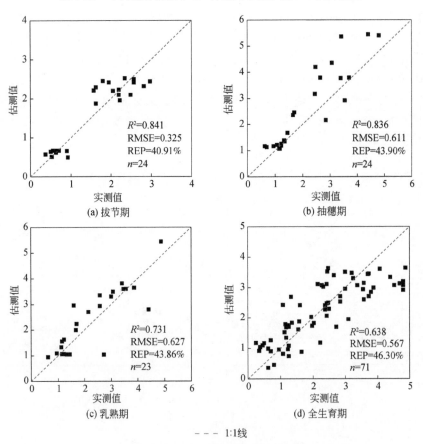

图 4-22　不同生育期基于 BP 神经网络的水稻 LAI 检验模型

4.4.2 基于支持向量机的水稻叶面积指数估测

为了提高模型的估测精度，应用最小二乘支持向量机算法（LS-SVR）构建水稻 LAI 的估测模型。选择上述模型（4.3.2 节）中估测精度最好的植被指数 $RVI_{(848,752)}$ 作为自变量，以 LAI 作为因变量，采用 2015 年的小区样本建立 LS-SVR 模型。以径向基核（RBF）作为模型的核函数。在确定模型参数时，采用两步进行格网搜索以确定最优参数，并减少计算时间。具体结果见表 4-16。通过反复试验当惩罚系数 $C=6.4$，RBF 核函数参数 $g=1.2$ 时，可获得最佳模型。

表 4-16 偏最小二乘支持向量机回归模型参数寻优

参数	取值	
	步骤一	步骤二
惩罚系数	$0.001 \leqslant C \leqslant 10000$	$0.1 \leqslant C \leqslant 100$
RBF 核函数参数	$0.01 \leqslant g \leqslant 1000$	$0.1 \leqslant g \leqslant 10$
步长	10（multiply）	2（multiply）
最优结果	$C=1$；$g=0.2$	$C=6.4$；$g=1.2$

利用 LS-SVR 模型分别对 2014 年小区样本数据和 2015 年大田样本数据进行估测，将估测结果分别与地面实测值进行拟合，结果见图 4-23。对比 RVI 的 LR-

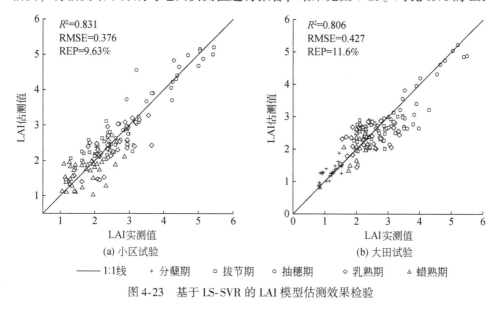

图 4-23 基于 LS-SVR 的 LAI 模型估测效果检验

SVR 模型与 RVI 的指数模型（图 4-16）的检验效果可以看出，LS-SVR 模型的估测精度有所提高，检验 R^2 都提高到了 0.80 以上，RMSE 也有所减小，在 1：1 线附近聚集的散点更集中，尤其对抽穗期 LAI 较大时的估测精度有显著提高。

4.4.3　基于随机森林算法的估算模型及精度检验

对于抽穗期、乳熟期和蜡熟期，选择上述用于建模的特征波段、高光谱特征参数和植被指数中与 LAI 相关性较好的 6 个参数为自变量，LAI 为因变量，ntree 设置为 5000，mtry 设置为 2，建立随机森林估算模型。通过绘制实测值与模型估测值之间的 1：1 图，对各生育期训练样本和验证样本的实测值与模型估测值进行拟合分析，检验所建模型的精度，结果见图 4-24 ~ 图 4-26，各生育期训练样本点都比较均匀地聚集在 1：1 线两侧，表明模型估测值与实测值较接近。对于同一生育期，与普通回归估算模型相比，基于随机森林算法的估算模型建模和验证 R^2 更大，RMSE、REP 更小，估测精度得到明显提高，可以实现该生育期水稻 LAI 的准确估算。

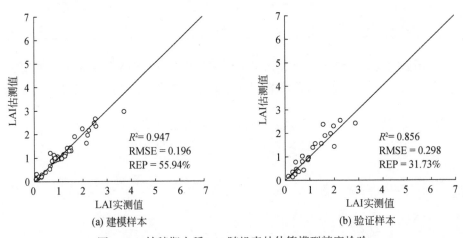

（a）建模样本　　　　　　　　　（b）验证样本

图 4-24　抽穗期水稻 LAI 随机森林估算模型精度检验

对于全生育期，选择上述用于建模的特征波段、高光谱特征参数和植被指数中与 LAI 相关性较好的 9 个参数为自变量，LAI 为因变量，ntree 设置为 5000，mtry 设置为 3，建立随机森林估算模型，其精度检验结果如图 4-27 所示。由图 4-27 可知，随机森林模型的建模和验证精度均高于普通回归估算模型，估测效果较佳。模型的验证 R^2 达到 0.650，RMSE 为 0.841，REP 为 59.84%，可以对全生育期水稻 LAI 进行较好估测。分析全生育期随机森林模型对各生育期 LAI 的估测效果，抽穗期的验证 R^2 为 0.723，RMSE 为 0.426，REP 为 50.50%；乳熟

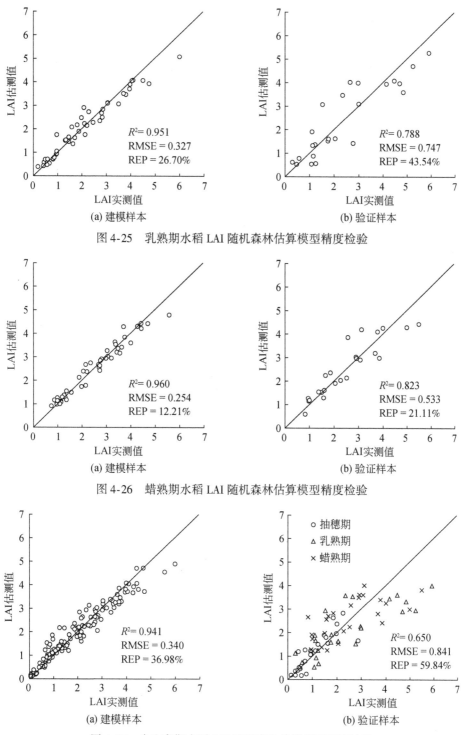

(a) 建模样本 (b) 验证样本

图 4-25　乳熟期水稻 LAI 随机森林估算模型精度检验

(a) 建模样本 (b) 验证样本

图 4-26　蜡熟期水稻 LAI 随机森林估算模型精度检验

(a) 建模样本 (b) 验证样本

图 4-27　全生育期水稻 LAI 随机森林估算模型精度检验

期的验证 R^2 为 0.653，RMSE 为 1.028，REP 为 68.06%；蜡熟期的验证 R^2 为 0.453，RMSE 为 0.941，REP 为 59.65%。由此可得，基于全生育期建立的模型对各生育期 LAI 的估测精度远远低于基于单一生育期建立的模型对该生育期 LAI 的估测精度，分生育期建立 LAI 估算模型具有重要意义。

4.5 讨论与结论

4.5.1 讨论

水稻 LAI 是表征水稻冠层结构的一个重要指标，它控制着水稻的生物物理过程，同时影响水稻的光合利用率。LAI 作为水稻蒸散和干物质积累的重要参数，最能反映水稻生长状况与高光谱信息的密切关系。水稻的冠层光谱反射率在可见光波段随 LAI 的增加而降低，在近红外和短波红外波段则与 LAI 呈正相关，这是利用高光谱信息来反演水稻 LAI 的基础。为了从高光谱数据中获得更充足的水稻植被信息，基于原始光谱反射率和高光谱植被指数确定了许多高光谱特征参数，进而在较宽的波段范围内分析了这些特征参数与水稻 LAI 的相关性。高光谱植被指数的优势在于其不仅可以简单快速地获取水稻的相关信息，而且其内部机制容易理解。本章综合分析了 4 种常见植被指数（RVI、DVI、NDVI 和 MSAVI2）与水稻 LAI 的相关性，确立了水稻 LAI 与高光谱植被指数的定量关系。由于水稻冠层光谱的反射率与 LAI 的变化呈现非线性关系，4 个模型均以指数模型最优，与刘占宇等（2008）研究结果一致。其中 RVI 的指数模型拟合和估测效果都最好，其次为 DVI 的指数模型。4 个植被指数与水稻 LAI 相关性较好的波段组合范围相似，均是分布在 670 ~ 770nm 与 700 ~ 1350nm 内，相关最好的是 $RVI_{(848,752)}$。NDVI 的估测精度最差，这与薛利红等（2004）、Shibayama 和 Akiyama（1989）研究中的结果一致。NDVI 在估测水稻 LAI 时具有一定的局限性，特别是当 LAI 较大时，NDVI 将表现出饱和现象。对于本研究而言，由于水稻品种单一，至于 RVI 模型是否适用于其他水稻品种尚未得到验证，这也正是本研究的不足之处。除了高光谱植被指数外，对建模方法的选择在很大程度上会影响到水稻 LAI 的估测精度。支持向量机算法是建立在结构风险最小原理基础上的一种机器学习算法，SVM 模型训练精度较高。本研究借助 LS-SVR 算法对 RVI 模型进行了优化，尽管模型精度有所提高，但支持向量机模型对核函数和核参数的选择非常重要，不同的参数将得到不同的估测效果。另外，BP 神经网络和随机森林模型，与普通回归模型相比，尽管都提高了水稻 LAI 的估算精度，但模型往往很复杂，不利于模型应用于遥感过程（黄敬峰等，2010）。

由于作物的冠层光谱反射率受土壤背景、大气条件、太阳辐射及传感器观测角度等的影响，因此 LAI 和植被指数之间不存在可以适合任一时间和任一地点的唯一关系，即使对于特定的传感器也是如此。通常来讲，这种经验关系与地域和使用的传感器相关。LAI 和植被指数之间关系的表达式有多种形式，表达式的系数大多受植被类型或品种的影响，这就需要大量的地面实测数据与相应的遥感数据来完善这种关系，并且由于植被覆盖和土壤类型的复杂多样，因此通过植被指数计算的 LAI 关系式往往具有地域性和尺度性。

应用高光谱遥感技术进行水稻 LAI 的估测，受品种、生育期和背景等因素的影响，导致不同学者提出的拟合模型不尽相同。以后的研究中需要加强水稻品种试验，并减少环境和仪器等外界因素的干扰，以实现模型估测精确性和普适性的有效统一。

4.5.2 结论

水稻不同生育期、不同氮素水平下 LAI 存在差异，各生育期内 LAI 均随供氮水平的增加而增加，至抽穗末期达到最大值。LAI 的差异导致冠层光谱的反射曲线有所不同。

水稻冠层光谱反射率与 LAI 存在显著相关性。对于 4 种植被指数，与 LAI 相关性较高的波段组合范围较接近。模型检验结果表明，以 $RVI_{(848,752)}$ 为参数建立的指数模型对水稻 LAI 的估测效果最好，其次为 DVI 模型。通过偏最小二乘支持向量机算法在一定程度上可以提高模型的估测精度，但模型构建过程较为复杂，而且参数较多。相比而言，基于植被指数的回归方法参数较少，模型简单，更利于模型的推广。

通过计算各生育期在 350～1000nm 波段内 6 类植被指数与 LAI 的相关系数，选择相关系数最大的波段组合建立基于 BP 神经网络的各生育期 LAI 估测模型，利用 R^2、RMSE 和 REP 对模型的训练和验证结果进行评价，结果表明：各生育期模型的精度随着水稻的生长发育而逐渐降低，其中拔节期的模型估测精度为最高，其 R^2、RMSE 和 REP 分别为 0.664、0.438 和 48.48%。与此同时，以植被指数作为输入变量的 BP 神经网络模型对 LAI 的估测能力相对特征波段的估测模型其模型精度具有很大的提升，能更好地估测水稻各生育期 LAI。

通过分析原始光谱反射率参数（"绿峰"参数、"红谷"参数）、"三边"参数（"蓝边"参数、"黄边"参数、"红边"参数）与水稻 LAI 之间的相关性，进一步提出并构建了三种可应用于水稻不同生育期 LAI 的反演模型，分别为基于光谱位置变量、基于光谱面积变量、基于光谱植被指数变量的 LAI 的反演模型，利用"三边"参数反演 LAI 时，表现出拔节期最佳拟合方程的决定系数最大，反演模型的精度检验最好；抽穗期最佳拟合方程的决定系数最小，反演模型的估测效果最差。

利用随机森林算法建立的估测模型，估测精度均有所提高。通过分析全生育期随机森林模型对各生育期 LAI 的估测效果发现，利用全生育期数据建立的估测模型不能准确估算水稻 LAI 在不同生育期的变化，分生育期建立模型可以提高 LAI 的估算准确度。

第5章 | 水稻叶片氮含量高光谱估测模型

氮素是与作物光合作用、产量及品质关系最密切的营养元素，也是作物需求量和施用量最大的矿质元素。当作物缺氮时，不仅会影响作物产量还会降低其品质。相反，如果氮素营养过剩，又会对水、大气造成明显的面源污染（赵英，1981；吕殿青等，1998）。这就要求在农田管理实践中，应在尽可能减少环境污染的前提下，高效利用氮肥，以获得高产量、高品质的农产品。因此，快速而准确地获取作物氮素状况，实现农田精准高效施肥是现代化农业生产的迫切需要。

传统的水稻氮素诊断方法主要借助实验室对植物组织进行化学分析，这种方法费时、费力，而且具有滞后性。尽管已有研究表明 SPAD 值可作为氮素状况的良好指标，但 SPAD 的测定受作物品种、生育期（Ramesh et al., 2002）、其他营养元素缺乏（Turner and Jund, 1991）、环境及测定部位的影响（Schepers et al., 1992），具有很多不确定因素。而基于高光谱遥感技术，可以实现实时、大面积、快速无损监测作物氮素状况，是作物遥感监测研究领域的重点内容。作物发育过程中，氮素营养水平的变化会引起叶片颜色、叶绿素水平、水分含量等一系列作物形态结构变化，进而引起作物冠层光谱的变化，这是高光谱遥感进行氮素估测的理论基础。在水稻氮素含量估测方面，多数学者都是基于光谱指数来进行（Inoue et al., 2012；Tian et al., 2014；Wang et al., 2012）。Xue 等（2004）指出水稻冠层光谱的比值光谱指数 R_{810}/R_{560} 与叶片氮积累量具有很好的线性关系，且不受施肥和生育期的影响。Stroppiana 等（2009）研究表明，利用 R_{503} 和 R_{483} 两个波段组成的归一化光谱指数与作物氮素含量具有很好的相关性。本章利用 2014 年的小区和大田水稻叶片氮含量数据，以及同步观测获得的冠层高光谱数据，采用统计回归分析方法，对水稻叶片氮含量的估测方法进行研究。

5.1 水稻叶片氮含量在各生育期的变化

本研究中的水稻叶片建模样本为 2014 年 4 个生育期的水稻小区数据，检验样本为 2014 年与小区同期观测的大田数据。对水稻 4 个主要生育期的 LNC 进行简单统计分析，结果见表 5-1。从表 5-1 中可以看出，小区水稻样本 LNC 的最大值为 4.14%、最小值为 0.94%；大田样本的最大值为 3.6%，最小值为 1.07%。

小区和大田水稻 LNC 的最大值、最小值均分别出现在拔节期和蜡熟期。从小区和大田数据的分布来看，数据区间范围变化较大，适合构建氮素估测模型。

从不同生育期水稻 LNC 的柱状图可以看出（图 5-1），从拔节期到蜡熟期，LNC 呈现递减趋势，从抽穗期到乳熟期 LNC 的变化不明显，尤其是 N_0 水平下，抽穗期和乳熟期的 LNC 几乎没有变化。蜡熟期水稻 LNC 最低，且 4 个生育期的 LNC 均随施氮水平的增加而增加。

表 5-1　水稻 LNC 统计特征　　　　　（单位：%）

生育期	2014 小区样本			2014 大田样本		
	最大值	最小值	平均值	最大值	最小值	平均值
拔节期	4.14	2.09	3.01	3.6	2.27	2.91
抽穗期	2.86	1.44	2.34	3.02	1.55	2.30
乳熟期	2.32	1.12	1.87	2.49	1.34	1.80
蜡熟期	2.15	0.94	1.49	2.06	1.07	1.39
全生育期	4.14	0.94	2.18	3.6	1.07	2.10

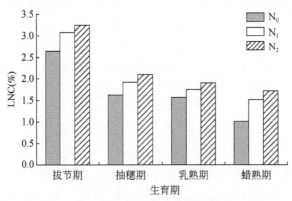

图 5-1　不同生育期不同氮素水平水稻 LNC

5.2　水稻叶片氮素与冠层光谱之间的关系

5.2.1　不同 LNC 的冠层光谱特征

图 5-2 是拔节期不同 LNC 水平下水稻冠层光谱曲线。从图 5-2 中可以看出，在可见光波段，冠层光谱反射率与 LNC 呈负相关，原因在于氮素水平与叶绿素水平呈正相关，氮水平高导致叶绿素含量升高，在可见光波段的反射率则降低。

在近红外波段，光谱反射率与 LNC 呈正相关，原因在于氮素水平影响叶片结构和 LAI，LAI 随氮水平提高而增加，使冠层光谱在近红外波段的反射率也相应升高。

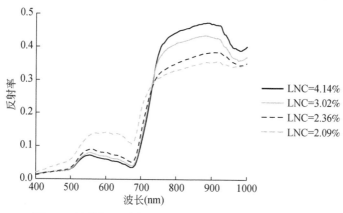

图 5-2 拔节期不同水稻 LNC 水平下水稻冠层光谱曲线

5.2.2 水稻 LNC 与光谱反射率的相关性

分别对抽穗期、乳熟期、蜡熟期的水稻 LNC 与相应的冠层光谱反射率及其一阶导数进行相关性分析，结果见图 5-3。

由图 5-3 可知，水稻抽穗期 LNC 与原始光谱的相关性在 400~727nm 呈负相关，在 728~1000nm 呈正相关。其中除 723~733nm 外，相关性均达到极显著相关水平。575nm 处相关系数为-0.724，相关性最强。水稻抽穗期 LNC 与一阶导数光谱的相关系数为-0.739~0.805，其中 821nm、826nm、831nm、832nm 和 838nm 五个波段相关系数达到 0.77 以上，838nm 处相关系数最大。

水稻乳熟期 LNC 与原始光谱的相关性在 400~735nm 呈负相关，在 736~1000nm 呈正相关。其中在 400~726nm、746~1000nm 波段，相关性达到极显著相关水平。931nm 处相关系数为 0.609，相关性最强。水稻乳熟期 LNC 与一阶导数光谱的相关系数为-0.642~0.809，其中 744~753nm、767nm、768nm、838nm、839nm，相关系数达到 0.78 以上，767nm 处相关系数最大。

水稻蜡熟期 LNC 与原始光谱的相关性在 400~448nm、725~1000nm 呈正相关，在 449~724nm 呈负相关。其中在 758~764nm、768~914nm、928~931nm 波段，相关性达到极显著相关水平。815nm 处相关系数为 0.332，相关性最强。水稻蜡熟期 LNC 与一阶导数光谱的相关系数为-0.577~0.734，其中在 722~728nm、732~

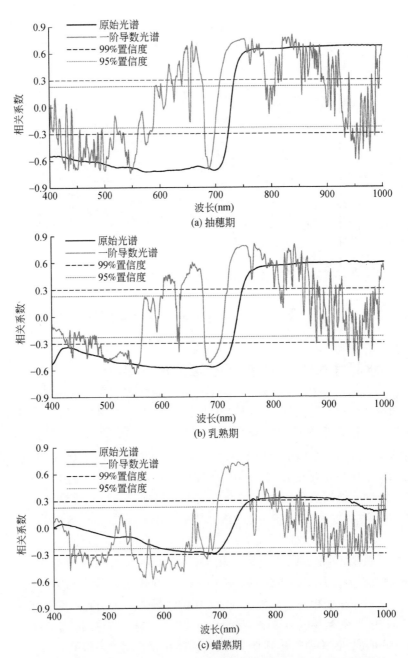

图 5-3 不同生育期水稻 LNC 与冠层光谱反射率及其一阶导数的相关性

743nm、746~752nm，相关系数达到 0.7 以上，735nm 处相关系数最大。

综上所述，与原始光谱相比，一阶导数光谱在部分波段与 LNC 的相关性更强；不同生育期的 LNC 与光谱的相关性不同。其中，对于原始光谱，抽穗期相关性最高，乳熟期次之，蜡熟期最差；对于一阶导数光谱，乳熟期相关性最高，抽穗期次之，蜡熟期最差。

图 5-4 为全生育期水稻 LNC 与冠层光谱反射率及其一阶导数的相关性分析结果。

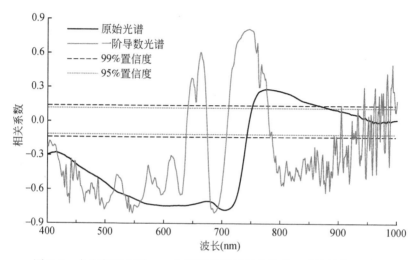

图 5-4　全生育期水稻 LNC 与冠层光谱反射率及其一阶导数的相关性

由图 5-4 可知，水稻全生育期 LNC 与原始光谱的相关性在 400～745nm、959～961nm、965～973nm、980～982nm、988nm 呈负相关，在 746～958nm、962～964nm、974～979nm、983～987nm、989～1000nm 呈正相关。其中在 400～741nm、752～868nm，相关性达到极显著相关水平。704nm 处相关系数为 -0.782，相关性最强。水稻全生育期 LNC 与一阶导数光谱的相关系数为 -0.811～0.812，在 746nm 处相关性最强。

不同生育期水稻 LNC 的特征波段及其相关系数见表 5-2。由表 5-2 可知，不同生育期水稻 LNC 的特征波段有很大差异，且与谭昌伟等（2008）提出的 R_{797} 和 D_{738}，李永梅等（2017）提出的 R_{612} 和 D_{666} 差异很大；与原始光谱相比，基于一阶导数光谱的特征波段与 LNC 的相关性更强。

表 5-2　不同生育期水稻 LNC 的特征波段及其相关系数

生育期	特征波段	相关系数	特征波段	相关系数
抽穗期	R_{575}	-0.724**	D_{838}	0.805**
乳熟期	R_{931}	0.609**	D_{767}	0.809**

续表

生育期	特征波段	相关系数	特征波段	相关系数
蜡熟期	R_{815}	0.332^{**}	D_{735}	0.734^{**}
全生育期	R_{704}	-0.782^{**}	D_{746}	0.812^{**}

$**$ 表示相关系数在 0.01 水平显著。

5.2.3　水稻 LNC 与高光谱特征参数的相关性

将抽穗期、乳熟期、蜡熟期、全生育期的水稻 LNC 与相应冠层光谱的高光谱特征参数进行相关性分析，结果见表 5-3。

由表 5-3 可知，对于抽穗期，除 λ_b、D_y、S_{D_y}、S_{D_r}/S_{D_y}，其余高光谱参数与 LNC 的相关性均达到极显著相关水平，其中 D_r 相关系数为 0.714，相关性最强；对于乳熟期，除 λ_o、λ_b、S_{D_y}，其余高光谱参数与 LNC 的相关性均达到极显著相关水平，其中 λ_r 相关系数为 0.776，相关性最强；对于蜡熟期，λ_o、D_y、S_{D_y}、S_{D_r}、S_{D_r}/S_{D_b} 以及 2 个归一化参数与 LNC 的相关性达到极显著相关水平，其中相关性最强的参数是 S_{D_r}，相关系数为 0.663；对于全生育期，只有 S_{D_r}/S_{D_y} 与 LNC 的相关性未达到极显著相关水平，λ_r 相关性最强，相关系数达到 0.808。综上所述，在所有生育期，与水稻 LNC 相关性最好的高光谱特征参数均是红边参数，相关性均弱于基于一阶导数光谱的特征波段与 LNC 的相关性，除抽穗期，相关性均强于基于原始光谱的特征波段与 LNC 的相关性。通过对高光谱参数的通用性进行分析发现，同一参数在不同生育期与 LNC 的相关性有很大差异，通用性较差。

表 5-3　水稻 LNC 与高光谱特征参数的相关系数

参数类型	高光谱特征参数	生育期			
		抽穗期	乳熟期	蜡熟期	全生育期
红谷参数	R_o	-0.683^{**}	-0.559^{**}	-0.280	-0.705^{**}
	λ_o	-0.598^{**}	-0.087	0.329^{**}	0.180^{**}
	S_{R_o}	-0.678^{**}	-0.567^{**}	-0.279	-0.716^{**}
绿峰参数	R_g	-0.682^{**}	-0.540^{**}	-0.147	-0.700^{**}
	λ_g	-0.670^{**}	-0.578^{**}	-0.296	-0.780^{**}
	S_{R_g}	-0.677^{**}	-0.528^{**}	-0.111	-0.657^{**}

续表

参数类型	高光谱特征参数	生育期			
		抽穗期	乳熟期	蜡熟期	全生育期
蓝边参数	D_b	−0.317**	−0.439**	0.033	−0.535**
	λ_b	0.155	0.234	0.237	0.502**
	S_{D_b}	−0.403**	−0.455**	−0.109	−0.646**
黄边参数	D_y	−0.195	−0.408**	−0.496**	−0.612**
	λ_y	0.442**	0.474**	0.266	0.661**
	S_{D_y}	−0.119	0.218	−0.512**	−0.574**
红边参数	D_r	**0.714****	0.577**	0.185	0.574**
	λ_r	0.639**	**0.776****	0.159	**0.808****
	S_{D_r}	0.675**	0.608**	**0.663****	0.584**
比值参数	S_{D_r}/S_{D_b}	0.681**	0.630**	0.617**	0.768**
	S_{D_r}/S_{D_y}	−0.020	−0.646**	0.029	−0.054
归一化参数	$(S_{D_r}-S_{D_b})$ $/(S_{D_r}+S_{D_b})$	0.709**	0.743**	0.638**	0.792**
	$(S_{D_r}-S_{D_y})$ $/(S_{D_r}+S_{D_y})$	−0.678**	−0.705**	0.543**	0.467**

** 表示相关系数在 0.01 水平显著。表中黑体表示该生育期相关系数最大值。

5.2.4 水稻 LNC 与植被指数的相关性

采用任意波段组合的方式，应用 2017 年抽穗期、乳熟期、蜡熟期水稻冠层的原始光谱构建植被指数，并分别与对应 LNC 进行相关性分析，得到各生育期水稻 LNC 与基于原始光谱构建的植被指数的决定系数（R^2）等值线图（图 5-5 ～图 5-7）。可以看出，所有等值线图中都存在一定范围的黄色区域，表示由这些波段组合构建的植被指数与水稻 LNC 的相关性达到较高水平，其中，黄色越亮，相关性越强。对比 4 类植被指数，同一生育期内不同植被指数与水稻 LNC 相关性较强的波段组合范围比较接近。对比 4 个生育期，同一植被指数在不同生育期与相应水稻 LNC 相关性较强的波段组合范围差异较大。对于同一植被指数，与各生育期水稻 LNC 相关性均较强的波段组合主要集中在 700 ～ 850nm 与 710 ～ 760nm 的波段组合范围。

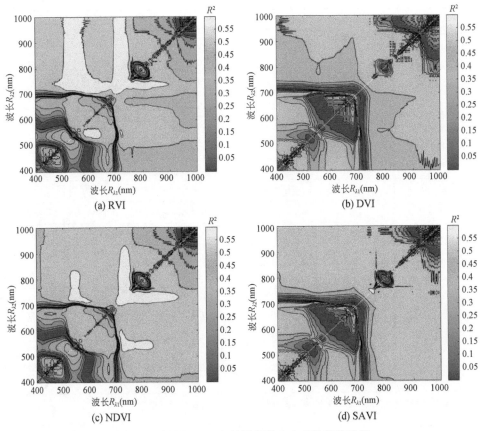

图 5-5　抽穗期 LNC 与植被指数决定系数等值线图

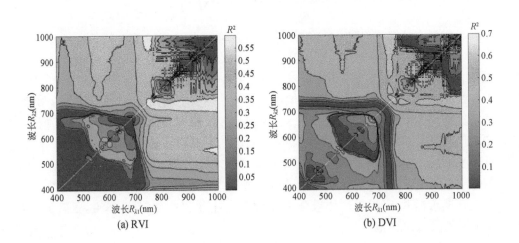

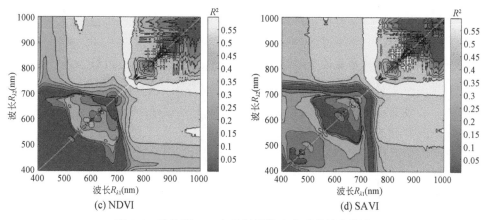

图 5-6　乳熟期 LNC 与植被指数决定系数等值线图

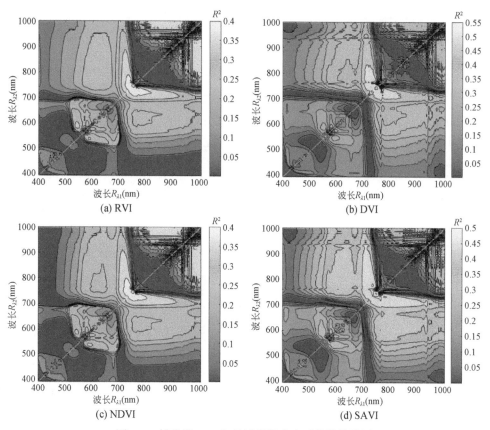

图 5-7　蜡熟期 LNC 与植被指数决定系数等值线图

不同生育期基于原始光谱构建的最佳植被指数的波段组合及相关系数见表 5-4。由表 5-4 可知，最佳植被指数与对应 LNC 相关系数的绝对值均达到 0.66 以上，除全生育期的 DVI 外，其余植被指数的波段组合均分布在 730~860nm 与 730~860nm 波段组合区域。除全生育期与 LNC 相关性最强的植被指数是 RVI 外，其余生育期均是 DVI，相关性均强于特征波段和高光谱特征参数与 LNC 的相关性。

表 5-4　基于原始光谱构建的最佳植被指数的波段组合及相关系数

生育期	光谱指数	RVI	DVI	NDVI	SAVI
抽穗期	波段组合	(752, 753)	(839, 837)	(753, 752)	(772, 764)
	相关系数	-0.801**	**0.805****	0.801**	0.792**
乳熟期	波段组合	(854, 838)	(853, 838)	(854, 838)	(854, 838)
	相关系数	0.817**	**0.838****	0.816**	0.831**
蜡熟期	波段组合	(737, 756)	(762, 737)	(744, 733)	(763, 737)
	相关系数	-0.664**	**0.748****	0.663**	0.721**
全生育期	波段组合	(738, 747)	(588, 512)	(743, 742)	(746, 744)
	相关系数	**-0.874****	-0.818**	0.872**	0.845**

** 表示相关系数在 0.01 水平显著。表中黑体表示该生育期相关系数最大值。

应用 2017 年水稻冠层的一阶导数光谱构建植被指数。各生育期 LNC 与基于一阶导数光谱构建的植被指数的决定系数（R^2）等值线图见图 5-8~图 5-10。可以看出，所有等值线图中都存在一定范围的黄色区域，表示由这些波段组合构建的植被指数与 LNC 的相关性达到较高水平，相关性较强的波段组合范围相对较小。对比 4 类植被指数，同一生育期内，RVI、NDVI 与 LNC 相关性较强的波段组合范围比较接近，DVI、SAVI 与 LNC 相关性较强的波段组合范围比较接近。

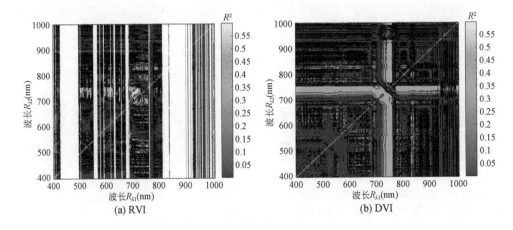

(a) RVI　　　　　　　　　(b) DVI

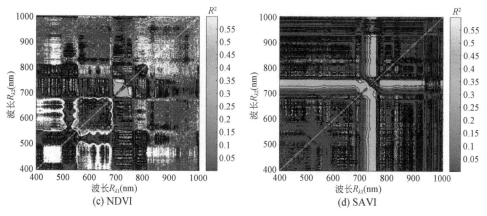

(c) NDVI　　　　　　　　　　(d) SAVI

图5-8　抽穗期 LNC 与一阶导数光谱构建的植被指数决定系数等值线图

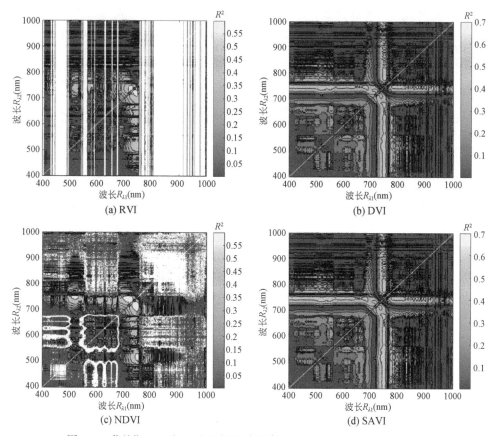

(a) RVI　　　　　　　　　　(b) DVI

(c) NDVI　　　　　　　　　　(d) SAVI

图5-9　乳熟期 LNC 与一阶导数光谱构建的植被指数决定系数等值线图

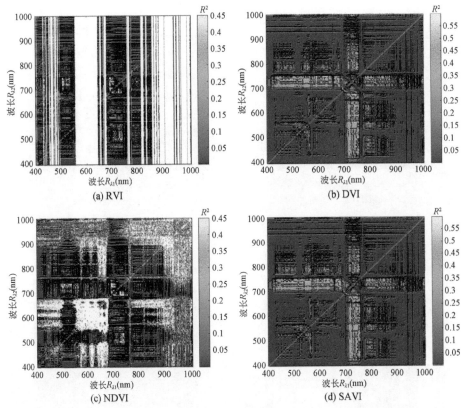

图 5-10　蜡熟期 LNC 与一阶导数光谱构建的植被指数决定系数等值线图

各生育期基于一阶导数光谱构建的最佳植被指数的波段组合及相关系数见表5-5。

表5-5　基于一阶导数光谱构建的最佳植被指数的波段组合及相关系数

生育期	植被指数	RVI	DVI	NDVI	SAVI
抽穗期	波段组合	(701, 700)	(838, 423)	(701, 700)	(838, 423)
	相关系数	0.823**	**0.832****	0.820**	**0.832****
乳熟期	波段组合	(838, 437)	(767, 554)	(735, 725)	(767, 554)
	相关系数	0.809**	**0.842****	0.810**	**0.842****
蜡熟期	波段组合	(752, 782)	(735.886)	(752, 782)	(735, 886)
	相关系数	0.701**	**0.779****	0.704**	**0.779****
全生育期	波段组合	(707, 699)	(753, 829)	(741, 692)	(753, 829)
	相关系数	0.875**	0.882**	**0.884****	0.883**

** 表示相关系数在 0.01 水平显著。表中黑体表示该生育期相关系数最大值。

由表5-5可知，所有植被指数的波段组合均分布在700~840nm与400~900nm波段组合区域，与对应LNC的相关系数均达到0.7以上。对于三个生育期，同一生育期内DVI和SAVI的波段组合一致，与LNC的相关系数相同，相关性较强；对于全生育期，DVI和SAVI的波段组合一致，NDVI与LNC的相关性最强。综上所述，基于一阶导数光谱构建的最佳植被指数与LNC的相关性均强于特征波段和高光谱特征参数与LNC的相关性，也强于基于原始光谱构建的最佳植被指数与LNC的相关性。

5.3 基于光谱指数的水稻叶片氮含量估测

5.3.1 水稻叶片氮含量的最优光谱指数

将全生育期400~1000nm任意两波段冠层光谱反射率组合构成的归一化光谱指数 NDSI (R_i, R_j) 和比值光谱指数 RSI (R_i, R_j) 分别与水稻LNC进行相关分析，并制作决定系数 (R^2) 的等势图，结果分别见图5-11和图5-12。

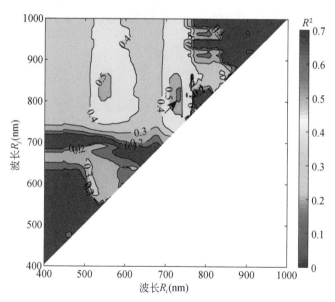

图5-11 任意两波段组合构成的 NDSI (R_i, R_j) 与LNC的相关性决定系数等势图

从图5-11中可以看出，归一化光谱指数 NDSI (R_i, R_j) 与LNC的相关性越高，R^2 越大，在等势图上的颜色越红，相反则颜色越蓝。根据NDSI的公式及矩

阵的对称性，只列出其上三角阵。从决定系数等势图中可以看出，估测水稻 LNC 的归一化光谱指数的最优波段组合及波段宽度。$R^2 > 0.5$ 的区域是 800～860nm 与 528～560nm 的波段组合及 748～860nm 与 708～748nm 波段的组合。R^2 最大的波段组合是 NDSI（R_{826}，R_{730}），R^2 达到 0.679。

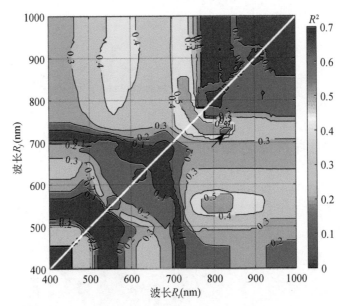

图 5-12　任意两波段组合构成的 RSI（R_i，R_j）与 LNC 的相关性决定系数等势图

　　图 5-12 是两波段组合构成的比值光谱指数 RSI（R_i，R_j）与 LNC 的决定系数（R^2）的等势图。$R^2 > 0.5$ 的区域包含 724～748nm 与 748～852nm 波段组合、752～852nm 与 712～744nm 波段组合，以及 760～852nm 与 528～568nm 波段组合。其中 RSI（R_{830}，R_{726}）与 LNC 的相关性最好，R^2 为 0.685。整体而言，RSI 与 LNC 相关性较高的波段范围较 NDSI 宽（$R^2 > 0.5$）。RSI 和 NDSI 均包含一个位于红边区域（680～760nm）的波段，分别为 R_{730}、R_{726}，而且这两个指数与一些估测植物冠层叶绿素含量的指数相一致，如红边叶绿素指数 CI$_{\text{red edge}}$（Gitelson et al.，2005）。造成这种一致性的主要原因是对于绿色植物而言，氮素水平与叶绿素含量具有很强的相关性（Lamb et al.，2002）。对于水稻叶片而言，在整个生育期内，LNC 的 75%～85% 都存在于叶片的叶绿体内。尽管大多数学者经常将 720nm 作为红边位置，但应该注意的是红边位置会随植物生理性质（如叶绿素和水分含量）的改变而发生移动（Filella and Peñuelas，1994；Liu et al.，2004）。

　　由于一阶导数光谱可去除部分土壤背景的影响，因此本研究将反射率一阶导数光谱与 LNC 进行相关分析，研究一阶导数光谱对 LNC 估测的影响。一阶导数光谱在红边波段范围（$D_{730} \sim D_{750}$）与 LNC 呈中等正相关关系。但基于 $D_{730} \sim D_{750}$ 建立的 LNC 估测模型精度较差（书中未列出），这在一定程度上限制了模型的应用。根据 NDSI 和 RSI 的计算公式，将光谱反射率一阶导数应用到两个光谱指数，然后分别计算任意两个光谱反射率一阶导数组合构成的 NDSI（D_i，D_j）和 RSI（D_i，D_j）与 LNC 的决定系数，并制作等势图。结果发现 NDSI（D_i，D_j）与 LNC 的相关性与 RSI（D_i，D_j）相比较低，因此本文只列出了 RSI（D_i，D_j）与 LNC 决定系数的等势图，见图 5-13。

从图 5-13 中可以看出，RSI（D_i，D_j）与 LNC 相关性较好的区域（$R^2 > 0.6$）分布范围较 NDSI（R_i，R_j）和 RSI（R_i，R_j）多，分别在 D_{522}、D_{650} 和 D_{706} 与 D_{738} 附近波段的组合，以及 D_{738} 和 D_{518} 附近区域。其中 RSI（D_{738}，D_{522}）与水稻 LNC 的 R^2 达到 0.763。可见 D_{738} 在估测水稻 LNC 中起着非常重要的作用，原因在于 LNC 与叶绿素含量密切相关，而且叶绿素在 $670 \sim 680\text{nm}$ 的最大吸收峰对红边反射率有很大的影响（Inoue et al., 2012；Nguyen et al., 2006）。

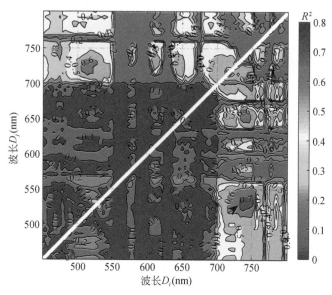

图 5-13　任意两波段光谱一阶导数构成的 RSI（D_i，D_j）与 LNC 的决定系数等势图

5.3.2　水稻叶片氮含量光谱指数模型构建

以 LNC 为因变量，分别以 NDSI（R_{826}，R_{730}）、RSI（R_{830}，R_{726}）和 RSI（D_{738}，

D_{522}）为自变量，建立 LNC 的一元高光谱估测模型。通过比较，3 个模型均以线性模型最优，模型估测效果见图 5-14 ~ 图 5-16。从 3 个模型可以看出，几乎所有的样本点都在 95% 置信区间内，三个模型的估测 R^2 都在 0.65 以上，其中 RSI（D_{738}，D_{522}）的估测 R^2 最高，为 0.763，RSI（R_{830}，R_{726}）次之（$R^2 = 0.685$），NDSI（R_{826}，R_{730}）的 R^2 最小，为 0.679。RMSE 表示观测值和拟合值之间的偏差，3 种模型中 RSI（D_{738}，D_{522}）的 RMSE 最小为 0.369，RSI（R_{830}，R_{726}）与 NDSI（R_{826}，R_{730}）的 RMSE 相差不大，分别为 0.383 和 0.387，综合上述分析可知，RSI（D_{738}，D_{522}）对水稻 LNC 的估测精度最高。

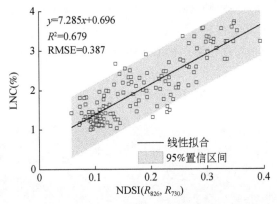

图 5-14　基于 NDSI（R_{826}，R_{730}）的水稻 LNC 估测模型

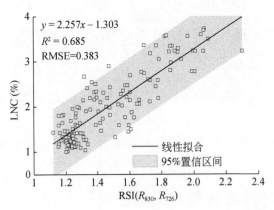

图 5-15　基于 RSI（R_{830}，R_{726}）的水稻 LNC 估测模型

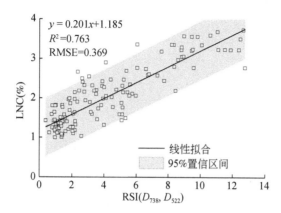

图 5-16　基于 RSI（D_{738}，D_{522}）的水稻 LNC 估测模型

采用同期观测的大田独立样本数据对 3 种模型精度进行检验，检验结果见图 5-17 ~ 图 5-19。3 个模型的验证精度 R^2 均在 0.6 以上，说明三个模型均能对 LNC 进行较好的估测。对不同生育期而言，3 个模型均对拔节期 LNC 估测效果较好，随着生育期的推进，LNC 逐渐减少，模型的估测能力也逐渐下降。基于 NDSI（R_{826}，R_{730}）和 RSI（R_{830}，R_{726}）的模型会对蜡熟期 LNC 造成过高估计，大多数检验样本值位于 1∶1 线之上。原因可能是蜡熟期水稻 LNC 很低，且冠层光谱中混合大量稻穗的信息，在一定程度上降低了模型的估测精度。

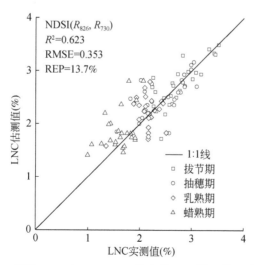

图 5-17　基于 NDSI（R_{826}，R_{730}）的水稻 LNC 模型估测效果检验

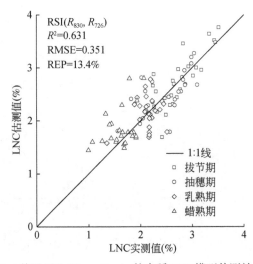

图 5-18　基于 RSI（R_{830}，R_{726}）的水稻 LNC 模型估测效果检验

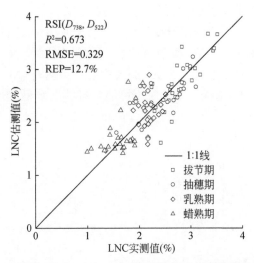

图 5-19　基于 RSI（D_{738}，D_{522}）的水稻 LNC 模型估测效果检验

　　图 5-20 反映了水稻 LNC 对 738nm 和 522nm 两个波段一阶导数光谱的影响。从图 5-20 中可以看出，随着 LNC 梯度的变化，D_{738} 和 D_{522} 表现出了不同的光谱响应。对于同一梯度的 LNC 而言，D_{738} 与 D_{522} 近似呈正比例关系。从不同梯度来看，D_{738} 随着 LNC 的增加而增加，而 D_{522} 则有减小的趋势。一般而言，红边波段和近红外波段对 LAI 和生物量较敏感，而绿波段则对叶片颜色相对更加敏感（Inoue et al., 2008）。D_{738} 可能通过其对不同 LAI 高度敏感来响应 LNC，而 D_{522} 则对单位叶片面积上的 LNC 较为敏感（Inoue et al., 2012）。由 NDSI（R_{826}，R_{730}）

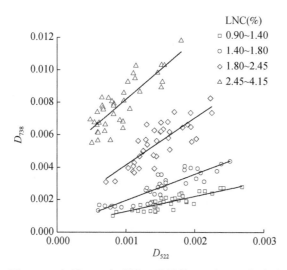

图 5-20　水稻 LNC 与光谱一阶导数 D_{738} 和 D_{522} 的关系

和 RSI（R_{830}，R_{726}）两个光谱指数构建的模型 RMSE 分别为 0.353 和 0.351，REP 分别为 13.7% 和 13.4%，RMSE 和 REP 都较大，可归结于水稻群体结构如 LAI 和冠层结构的差异，这些结构差异又来源于水稻品种、种植区域以及管理措施的差异。而这种结构差异造成的光谱对 LNC 的响应可通过 D_{740} 和 D_{522} 之间的比值进行标准化。3 个模型中，RSI（D_{738}，D_{522}）模型的 RMSE（0.329）和 REP（12.7%）均最小，因此，以 RSI（D_{738}，D_{522}）光谱指数为变量建立的 LNC 估测模型更稳健。

5.3.3　各种光谱指数估测水稻叶片氮含量精度比较

近年来，不同学者提出了多种估测作物生理参数的光谱指数。本研究选择了 28 个光谱指数与本研究结果进行综合比较。这些光谱指数是基于各自的独立试验数据在理论和经验的基础上建立的，用于估测作物叶绿素含量、水分含量、生物量和氮素含量等生理参数。尽管某些光谱指数并非针对估测水稻 LNC 而提出的，由于 LNC 与叶绿素含量密切相关，因此可以认为某些用于估测作物冠层叶绿素含量的指数可以用来估测 LNC。将选择的 28 个光谱指数用来估测 LNC，估测精度 R^2 和 RMSE 见图 5-21。尽管多个指数都使用了红边参数，但只有 $CI_{red\ edge}$ 和 MTCI 有较强的估测能力。而利用红边位移构建的光谱指数 λ_{red} 估测 R^2 较小，RMSE 也较大，这可能归因于红边可使用的范围很窄（680 ~ 760nm），并且通常包含一些极值点，这在一定程度上限制了红边参数的使用范围。D_{735} 波段与本章的提出的 RSI（D_{738}，D_{522}）中的 D_{738} 波段接近，但是通过选择一个最优的波段 D_{522} 来构成比值光谱指数可以大大提高估测的精度。因此估测水稻 LNC 的最优光谱指数是 RSI（D_{738}，D_{522}）。

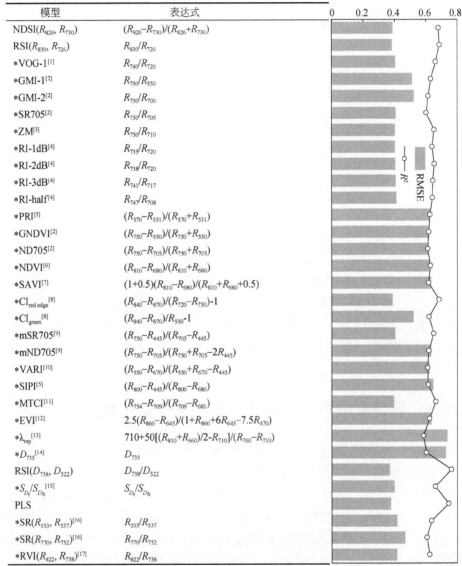

模型	表达式
NDSI(R_{826}, R_{730})	$(R_{826}-R_{730})/(R_{826}+R_{730})$
RSI(R_{830}, R_{726})	R_{830}/R_{726}
*VOG-1[1]	R_{740}/R_{720}
*GMI-1[2]	R_{750}/R_{550}
*GMI-2[2]	R_{750}/R_{700}
*SR705[2]	R_{750}/R_{705}
*ZM[3]	R_{750}/R_{710}
*RI-1dB[4]	R_{735}/R_{720}
*RI-2dB[4]	R_{738}/R_{720}
*RI-3dB[4]	R_{741}/R_{717}
*RI-half[4]	R_{747}/R_{708}
*PRI[5]	$(R_{570}-R_{531})/(R_{570}+R_{531})$
*GNDVI[2]	$(R_{750}-R_{550})/(R_{750}+R_{550})$
*ND705[2]	$(R_{750}-R_{705})/(R_{750}+R_{705})$
*NDVI[6]	$(R_{810}-R_{680})/(R_{810}+R_{680})$
*SAVI[7]	$(1+0.5)(R_{810}-R_{680})/(R_{810}+R_{680}+0.5)$
*CI$_{red edge}$[8]	$(R_{840}-R_{870})/(R_{720}-R_{730})-1$
*CI$_{green}$[8]	$(R_{840}-R_{870})/R_{550}-1$
*mSR705[9]	$(R_{750}-R_{445})/(R_{705}-R_{445})$
*mND705[9]	$(R_{750}-R_{705})/(R_{750}+R_{705}-2R_{445})$
*VARI[10]	$(R_{550}-R_{670})/(R_{550}+R_{670}-R_{445})$
*SIPI[5]	$(R_{800}-R_{445})/(R_{800}-R_{680})$
*MTCI[11]	$(R_{754}-R_{709})/(R_{709}-R_{681})$
*EVI[12]	$2.5(R_{860}-R_{645})/(1+R_{860}+6R_{645}-7.5R_{470})$
*λ_{rep}[13]	$710+50[(R_{810}+R_{660})/2-R_{710})/(R_{760}-R_{710})]$
*D_{735}[14]	D_{735}
RSI(D_{738}, D_{522})	D_{738}/D_{522}
*S_{D_r}/S_{D_b}[15]	S_{D_r}/S_{D_b}
PLS	
*SR(R_{553}, R_{537})[16]	R_{553}/R_{537}
*SR(R_{770}, R_{752})[16]	R_{770}/R_{752}
*RVI(R_{822}, R_{738})[17]	R_{822}/R_{738}

注：* 表示文献中所用到的主要光谱指数；[1]（Vogelmann et al., 1993）；[2]（Gitelson and Merzlyak, 1997）；[3]（Zarco-Tejada et al., 2001）；[4]（Gupta et al., 2003）；[5]（Peñuelas et al., 1995）；[6]（Rouse et al., 1974）；[7]（Huete, 1988）；[8]（Gitelson et al., 2005）；[9]（Sims and Gamon, 2002）；[10]（Gitelson et al., 2002）；[11]（Dash and Curran, 2004）；[12]（Liu and Huete, 1995）；[13]（Jongschaap and Booij, 2004）；[14]（Lee et al., 2008）；[15]（Wang et al., 2003）；[16]（Chu et al., 2014）；[17]（Wang et al., 2012）

图 5-21　各光谱指数估测 LNC 的结果比较

5.4 水稻叶片氮含量估测的多变量模型构建

5.4.1 水稻叶片氮含量估测的多元线性模型

为了探讨多元线性回归模型对 LNC 估测的精度，本研究借助偏最小二乘回归方法，并采用与光谱指数模型相同的建模样本，构建 LNC 的偏最小二乘回归模型，并采用相同的验证样本对模型精度进行检验。

图 5-22 （a）和（b）分别是偏最小二乘回归抽取的主成分对自变量（X）和因变量（Y）的解释程度直方图。从图 5-22 中可以看出，最佳主成分个数为 2。第 1 主成分对自变量和因变量的解释能力最强，分别包含了两个变量 94.1% 和 66.4% 的信息。从主成分对变量的累计解释程度而言，2 个主成分累计解释了 99.8% 的自变量信息和 86.4% 的因变量信息。这表明借助偏最小二乘法抽取的主成分可以最大程度的表示原始光谱反射率和 LNC 信息。

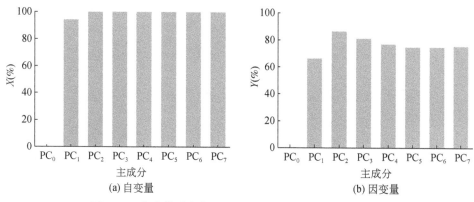

图 5-22　主成分对自变量 X 和因变量 Y 的解释程度直方图

主成分个数确定后，即可建立 LNC 的 PLSR 模型，然后通过大田样本对建立的 PLSR 模型进行检验，检验结果见图 5-23。

从图 5-23 中可以看出，PLSR 模型的检验 R^2 为 0.654，RMES 为 0.336，REP 为 12.9%。对比上述高光谱指数模型可以发现，PLSR 模型比 NDSI（R_{826}，R_{730}）、RSI（R_{830}，R_{726}）两个模型精度略高，而比 RSI（D_{738}，D_{522}）模型的精度稍低。最可能的原因是，尽管 PLSR 用到了整个光谱波段，但某些波段由于信噪比低，包含目标变量较少的信息，甚至会干扰其他波段与目标变量之间的关系。一些学者在实验室化学计量分析的研究结果也表明了 PLSR 的局限性（Grossman et al.，

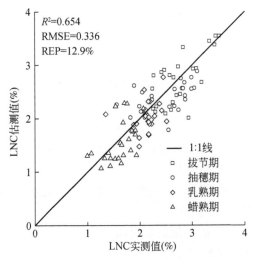

图 5-23　基于 PLSR 的水稻叶片氮含量模型估测效果检验

1996；Spiegelman et al.，1998）。尽管 PLSR 可以运用全部波段建模，并且可以获得较好的估测精度，但它并非作物生理生态参数遥感监测中最好的方法。因此，考虑到监测环境中许多混杂因素的影响，波段选择是陆地表面参数遥感中需要特别重视的科学问题。

5.4.2　基于随机森林算法的水稻叶片氮含量估测模型

对于抽穗期、乳熟期和蜡熟期，选择特征波段、高光谱特征参数和植被指数中与 LNC 相关性较好的 6 个参数为自变量，LNC 为因变量，ntree 设置为 5000，mtry 设置为 2，建立随机森林估算模型。通过绘制实测值与模型估测值之间的 1∶1 图，对各生育期训练样本和验证样本的实测值与模型估测值进行拟合分析，检验所建模型的精度，结果见图 5-24 ~ 图 5-26，各生育期训练样本点都均匀地聚集在 1∶1 线附近，表明模型估测值与实测值很接近。对于同一生育期，与普通回归估算模型相比，基于随机森林算法的估算模型建模和验证 R^2 更大，RMSE、REP 更小，估测精度得到明显提高，可以实现该生育期水稻 LNC 的精准估测。

对于全生育期，选择上述用于建模的特征波段、高光谱特征参数和植被指数中与 LNC 相关性较好的 9 个参数为自变量，LNC 为因变量，ntree 设置为 5000，mtry 设置为 3，建立随机森林估算模型，其精度检验结果如图 5-27 所示。由图 5-27 可知，随机森林模型的建模和验证精度均高于普通回归估算模型，估测效果最佳。模型的验证 R^2 达到 0.862，RMSE 为 0.237，REP 为 13.20%，可以对全生育期水

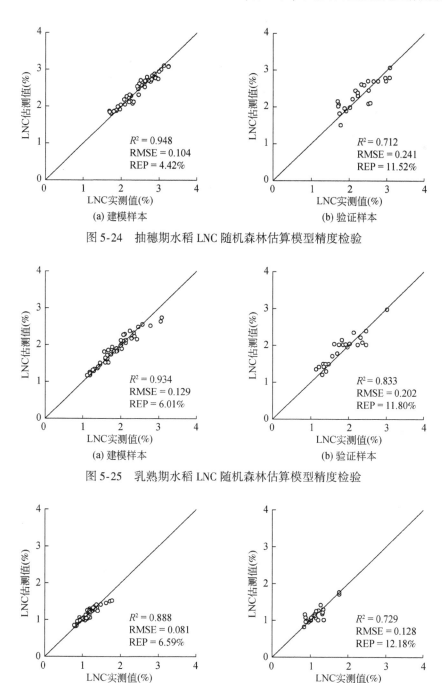

图 5-24　抽穗期水稻 LNC 随机森林估算模型精度检验

图 5-25　乳熟期水稻 LNC 随机森林估算模型精度检验

图 5-26　蜡熟期水稻 LNC 随机森林估算模型精度检验

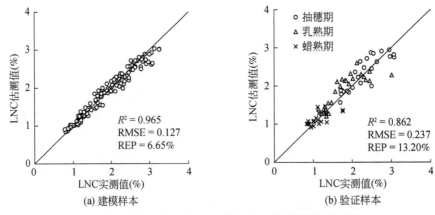

图 5-27　全生育期水稻 LNC 随机森林估算模型精度检验

稻 LNC 进行较好的估测。分析全生育期随机森林模型对各生育期 LNC 的估测效果，抽穗期的验证 R^2 为 0.755，RMSE 为 0.228，REP 为 9.55%；乳熟期的验证 R^2 为 0.665，RMSE 为 0.291，REP 为 15.22%；蜡熟期的验证 R^2 为 0.453，RMSE 为 0.179，REP 为 14.15%。与单一生育期建立的随机森林模型相比，全生育期建立的随机森林模型对抽穗期的估测效果较好，对乳熟期和蜡熟期的估测效果较差。由此可得，随着生育期的推进，基于全生育期构建的模型的估测能力逐渐下降。

5.5　讨论与结论

5.5.1　讨论

氮素含量是水稻光合利用率的良好指示器，在水稻关键生育期进行氮素水平的遥感监测有助于提高水稻产量及品质。近红外光谱区域通常涉及红边参数，由于叶绿素在可见光波段敏感，色素的吸收会对红边区域的光谱反射率造成不同的影响，进而影响许多比值和归一化指数。因此，一些学者提出了许多基于红边位置和特定波段选择的光谱指数来监测作物生长发育，叶绿素含量、氮素含量等（Tian et al., 2011，2014；Chu et al., 2014）。在本章中由红边区域和绿波段光谱反射率一阶导数构建的两波段比值光谱指数 RSI（D_{738}，D_{522}）对 LNC 的估测较单波段的估测效果有明显改进。单纯借助单波段参数进行生理参数的估测，常常会受到土壤等背景因素的影响，而红光波段在氮素和叶绿素浓度较高时经常出现饱现象（Diacono et al.，2013）。而绿波段被叶片强烈反射，是用于反演水稻生理参数的良好波段（Ryu et al.，2011）。本章提出的估测水稻 LNC 的最佳两波段指数为近红外波段和绿波段的组合，也证实了这一点。以往学者提出的最优波段组合大多基于原始光谱反射率，而本章借助光谱反射率一阶导数筛选的最优波段组合 RSI（D_{738}，D_{522}）对 LNC 的估测效果比 RSI（R_{830}，R_{726}）要好，这是因为一阶导数光谱可以很好地减弱土壤背景和大气的干扰。

利用偏最小二乘回归进行建模，将全部光谱波段用于建立水稻 LNC 的估测模型，由于利用了全部光谱信息，具有精度较高的优势，对于快速、无损地获取水稻 LNC 是一种合适的选择。但由于 PLSR 包含主成分分析，利用全部波段信息建模时对数据进行了降维处理，而经降维后入选变量之间的关系难以明确，其物理意义也较难理解，并且建立的模型相对复杂，不利于模型的推广与应用。相对而言，基于光谱植被指数建立的模型物理意义明确，而且模型结构简单，精度也较高。更重要的是通过筛选特征波段组成光谱植被指数，可以将不相关或非线性变量予以剔除，进而得到估测能力和稳健性较好的估测模型。而这种模型正是作物生理参量高光谱反演所追求的目标。可见借助光谱指数方法进行线性回归建模与其他方法相比具有一定的优越性，具体表现在：第一，可以简单有效地去除传感器及环境背景的影响；第二，尽管只使用了几个光谱波段，但数据利用率较高；第三，对遥感数据的精度要求没有辐射传输模型和 PLSR 方法那么严格。

另外，在作物氮素遥感反演中还存在很多不确定性因素，一些复杂的生化组分如木质素、淀粉等与叶片氮素密切相关，这些生化组分会在作物本身状态改变时出现其光谱吸收特征波段，这些特征波段与氮素的特征波段较接近甚至重叠，从而影响氮素含量的估测（孙玉焕和杨志海，2008）。今后的研究中，应将木质素、淀粉等对氮素反演有影响的因素考虑进来，进一步提高氮素反演精度。

5.5.2 结论

实时评估水稻 LNC，对监测水稻长势及田间精准管理，以实现水稻高产稳产并最大化降低对环境的破坏至关重要。通过综合分析高光谱数据和 LNC 数据，评估了 NDSI 和 RSI 两个简单光谱指数以及 PLSR 多元线性回归、随机森林算法方法在水稻 LNC 估算中的估测能力。结果表明：

水稻 LNC 随生育期的推进逐渐降低，水稻冠层光谱反射率在可见光波段与 LNC 呈负相关，在近红外波段，与 LNC 呈正相关；一阶导数光谱比原始光谱在一些波段与 LNC 的相关性更强。

综合对比光谱指数模型和 PLSR 模型，发现 RSI（D_{738}，D_{522}）光谱指数在模型精确度、简单易用性等方面表现最好。

　　利用随机森林算法建立模型，各生育期的验证 R^2 均达到 0.71 以上，估测精度得到显著提高。通过分析全生育期随机森林模型对各生育期 LNC 的估测效果发现，利用全生育期数据建立的模型不能准确估算 LNC 在不同生育期的变化，分生育期建立模型可以提高 LNC 估算的准确度。

|第6章| 基于无人机高光谱影像的小区水稻长势监测

在上述章节中，主要研究了通过地面实测水稻生理数据和冠层高光谱数据进行回归建模，以实现点尺度的生理参数估测。为了适应精准农业发展的需求，随着遥感技术的发展，对作物生理参数的研究已经从传统的点尺度的研究扩展到了区域尺度。高光谱成像技术正是适应这种需求发展起来的，其为研究生理参数在空间上的分布状况提供了良好的机会。高光谱成像技术是光谱技术和传统二维成像技术的有机结合。高光谱影像不仅可以表征待测目标物空间分布的图像特征，并且能够以图像上某一像素为目标获取其光谱特征。高光谱成像技术具有波段多、光谱分辨率高、信息丰富和图谱合一的特点。随着无人机技术以及高光谱遥感技术的发展，利用无人机搭载高光谱成像仪对农作物进行区域尺度的监测逐渐成为一个研究热点（高林等，2016；田明璐等，2016；董锦绘等，2016）。利用无人机高光谱遥感平台不仅可以在一定高度上（如50m或500m）获取地面农作物的光谱信息，同时还能获取其数字影像，可以反映真实的田间环境，提升对农作物生长状况的监测能力。目前应用较多的是在实验室借助扫描式高光谱成像仪进行农产品品质检测（田有文等，2014；吴龙国等，2013；周竹等，2012），或在叶片水平实现生理参数的提取（丁希斌等，2015；谢静等，2014；张筱蕾等，2014）。而在田块尺度应用高光谱影像进行作物长势监测研究较少，且以往的高光谱影像均采用扫描的方式获取。因此本章将借助无人机搭载的画幅式高光谱成像光谱仪获得田块、冠层尺度的高光谱影像，以实现小区域的水稻生理参数的反演。

6.1 无人机高光谱影像数据采集与处理

本研究采用零度（Zero）公司所生产的 E-EPIC 八旋翼无人机为遥感平台，其空机重量12kg，最大起飞重量18kg，续航时间大于30min。机载高光谱仪为德国 Cubert 公司所生产的 UHD185 成像光谱仪。UHD185 成像光谱仪是一款全画幅、非扫描、实时成像的高光谱成像系统，可以同时获得地面 125 个波段的高光谱影像和 1 个可见光全色波段影像，高光谱影像的分辨率为 50 像素×50 像素，全色波段影像的分辨率为 1000 像素×1000 像素。

无人机飞行高度设定为 100m，航向重叠度为 80%，旁向重叠度为 60%，UHD185 光谱仪视场角为 13°。获取的影像幅宽为 16m，地面分辨率分别为高光谱 32 cm 和灰度 1.6 cm。为了得到研究区完整的高光谱影像，需要对单幅高光谱影像进行拼接、校正处理，处理流程见图 6-1。

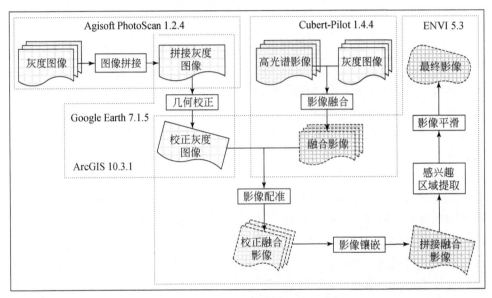

图 6-1　无人机高光谱影像预处理流程

首先，应用仪器自带的软件 Cubert-Pilot 的 pan sharpen 融合功能将高光谱影像和可见光全色影像进行融合。影像融合后不仅可以提高高光谱影像的空间分辨率，还可以保留其高光谱特征。

与此同时，将单景可见光全色灰度图像应用 Agisoft PhotoScan1.2.4 软件进行拼接处理。该软件通过计算一系列具有重叠区域影像的相关特征，实现影像的拼接操作。在 ArcGIS 10.3.1 系统中，通过 Georeferencing 功能应用 Google Earth 对拼接后的影像进行几何校正，得到校正后的可见光全色灰度图像。

其次，在 ENVI 5.3 图像处理系统中使用 Image to Image 几何校正功能，通过选择相同的地面控制点（ground control point，GCP），以校正后的可见光全色灰度图像为基准，对单景融合后的高光谱影像进行几何配准，得到校正的高光谱融合影像。校正精度 RMS 控制在 1 个像素，校正后的高光谱影像具有了地理坐标信息。

最后，在 ENVI 图像处理系统中应用 Seamless Mosaic 无缝镶嵌功能将所有经过几何校正的单幅高光谱影像进行镶嵌，使用研究区边界应用 Subset Data from

ROIs 工具对镶嵌后的影像进行裁剪，再经过图像增强等处理，最终形成一幅完整覆盖研究区的高光谱影像，最终得到研究区的高光谱影像（图 6-2）。

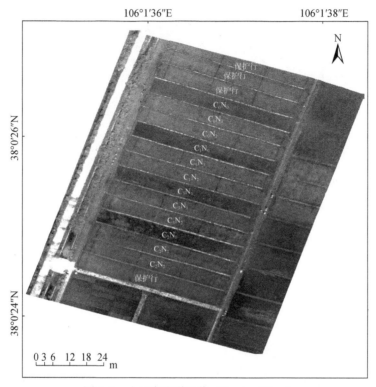

图 6-2　小区高光谱影像（Band=450nm）

6.2　无人机高光谱影像实现小区水稻生理生化参数监测

6.2.1　基于特征波段的水稻 SPAD 值和 LAI 遥感反演

由本研究所得，基于特征波段的水稻拔节期 SPAD 值和 LAI 估测模型分别为：$46.362e^{(-2.758R_{696})}$ 和 $3.383e^{(-27.78R_{663})}$。由于 UHD185 光谱仪和 SVC 光谱仪所用光谱通道不一致，因此本研究选择与 696nm 和 663nm 波段相近的 698nm 和 663nm 替代估测模型中的变量。利用 ENVI 软件中的 Band Math 对高光谱影像进行计算，得到基于特征波段的水稻拔节期 SPAD 值和 LAI 分布图，如图 6-3 所示。

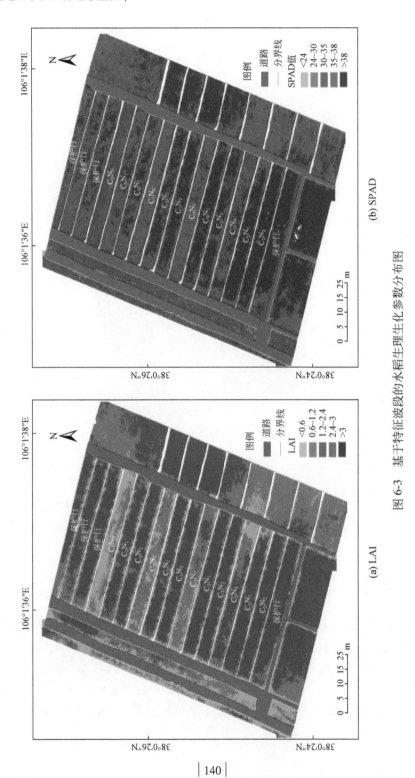

(a) LAI

(b) SPAD

图 6-3 基于特征波段的水稻生理生化参数分布图

从图 6-3 中可以看出，利用特征波段计算得到的水稻抽穗期 SPAD 值和 LAI 的空间分布差异明显。不同施肥水平下表现出较强的规律性，即第 1 号、4 号、7 号和 10 号小区（N_0）颜色较浅，而 N_1 和 N_2 水平下 SPAD 值和 LAI 均较高。

6.2.2 基于 BP 神经网络的水稻 SPAD 值和 LAI 遥感反演

在 ENVI 中分别计算 6 种光谱指数的值（SVC 波段组合和 UHD185 波段组合见表 6-1），得到不同光谱指数的影像，在 Matlab 中利用之前训练好的最佳网络对光谱指数影像进行仿真，得到基于 BP 神经网络的水稻拔节期 SPAD 值和叶面积指数分布图，如图 6-4 所示。

从图 6-4 中可以看出，利用 BP 神经网络模型计算得到的水稻拔节期 SPAD 值分布范围为 22.6 ~ 42.8，LAI 为 0.3 ~ 4.4。其中 73.56% 的研究区其 SPAD 值为 30 ~ 38，69.81% 的研究区其 LAI 为 1.2 ~ 3。而 SPAD 值与 LAI 低的区域基本位于氮素水平含量较低的第 1 号、4 号、7 号和 10 号小区，其 SPAD 值普遍小于 30、LAI 普遍小于 1.2。

表 6-1　水稻拔节期不同光谱仪所选用的植被指数波段组合　　（单位：nm）

生理生化参数	植被指数	SVC 波段组合		UHD185 波段组合	
		波段 1	波段 2	波段	波段
LAI	NDVI	946	702	946	702
	RVI	946	709	946	710
	DVI	458	457	458	454
	MVI	946	709	946	710
	SAVI	458	457	458	454
	MSAVI	458	457	458	454
SPAD 值	NDVI	506	625	506	626
	RVI	505	625	506	626
	DVI	479	489	478	490
	MVI	450	646	450	646
	SAVI	479	489	478	490
	MSAVI	479	489	478	490

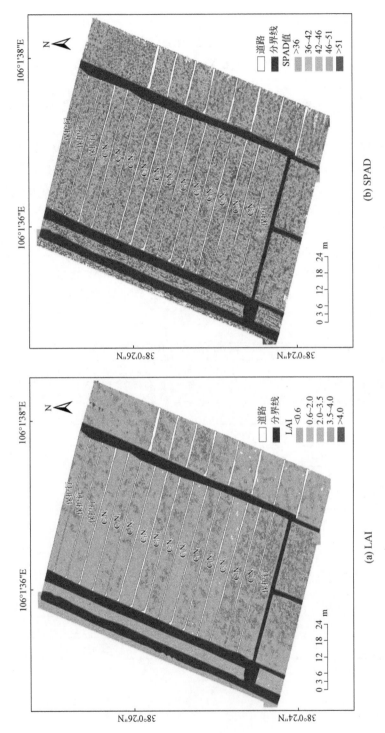

图 6-4　基于BP神经网络的水稻生理生化参数分布图

(a) LAI　　　　(b) SPAD

6.2.3 不同反演模型高光谱影像估测能力比较

为了检验不同模型对高光谱影像反演能力的大小，本研究从 72 个地面采样点中随机抽取 36 个样点的实测值进行检验。在影像上选择对应样点，通过 ArcGIS 中的 Extract Multi Values to Points 功能提取对应点的像元值，并绘制地面实测值与模型估测值之间的散点图，见图 6-5 和图 6-6。

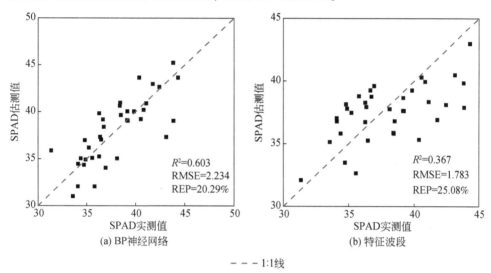

图 6-5　水稻拔节期不同估测模型对 SPAD 值估测能力比较

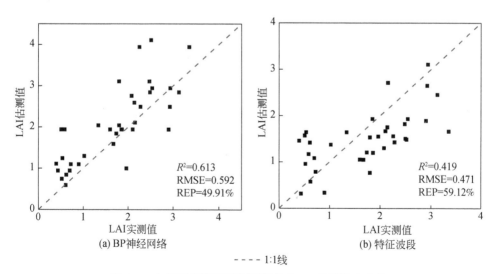

图 6-6　水稻拔节期不同估测模型对 LAI 估测能力比较

从图6-5可以看出，基于BP神经网络模型和特征波段的模型对高光谱影像反演SPAD值模型的检验 R^2 分别为0.603和0.367，RMSE分别为2.234和1.783，REP分别为20.29%和25.08%。图6-5（a）中大部分的点位于1∶1线之上，表明BP神经网络模型对高光谱影像像元值有较高的估算。而在图6-5（b）中，大部分点位于1∶1线之下，说明特征波段模型会低估高光谱影像像元值。

从图6-6（a）中可以看出，大部分点位于1∶1线以上，模型 R^2、RMSE和REP分别为0.613、0.592和49.91%，表明BP神经网络模型对水稻拔节期LAI估测能力较强，但同时也会很大程度地高估高光谱影像像元值。对于特征波段模型［图6-6（b）］，其估测能力较为一般，对高光谱影像像元值存在明显低估。

6.3 讨论与结论

本章通过对无人机高光谱遥感平台以及高光谱影像预处理的简单介绍，结合前述章节建立的特征波段模型和BP神经网络模型，对水稻拔节期SPAD值和LAI进行了估测，生成了水稻拔节期SPAD值和LAI分布图。利用地面实测点比较了不同模型对SPAD值和LAI的估测能力，结果表明基于BP神经网络构建的模型对拔节期SPAD值（$R^2 = 0.603$）和LAI（$R^2 = 0.613$）具有较准确的估测能力，但同时会高估高光谱影像的像元值。

通过BP神经网络建立的水稻生理生化参数建模虽然能提高估测精度，但同时存在一定的局限性。组成植被指数的波段组合对单一生育期针对性较强，而不同生育期其植被指数的组合不断变化，稳定性较弱，如何有机地耦合不同模型对植被估测的优缺点并选择更稳定的模型对精准农业的发展具有重要意义。同时，通过无人机遥感平台获取的数据在预处理时通常会存在影像拼接、融合与校正方面的问题，这些细小的误差将随处理流程逐渐累积，最终对模型的估测结果造成一定的影响。

|第7章| 基于无人机高光谱影像的 大田水稻长势监测

第六章通过高光谱影像和建立的水稻 SPAD 值和 LAI 的特征波段及 BP 神经网络模型,评价了无人机获取的高光谱影像在小区水稻长势监测中的应用效果。为了更好地监测在正常施肥管理情况下水稻的长势信息,本章结合地面点建立的 SPAD 值和 LAI 回归模型,通过无人机高光谱影像来获取大田区域范围水稻的生理生化参数反演,为区域精准农业提供技术帮助。影像的获取及处理流程参照小区试验进行。

7.1 水稻 SPAD 值高光谱影像空间反演

由前文可知通过 BND 光谱参数建立的水稻 SPAD 值估测模型为:$SPAD = 31.63 \times [(D_{722} - D_{700})/(D_{722} + D_{700})] + 33.15$,模型共需要用到 D_{722} 和 D_{700} 两个变量,由于非成像光谱仪和高光谱成像光谱仪设计的光谱采样间隔不同,高光谱影像数据中没有 D_{700} 波段,本节采用最相近的波段 D_{702} 代替。为了消除高光谱影像的随机误差,首先在 ENVI 软件中通过波段运算对高光谱影像反射率进行 5 点平滑处理,然后再计算所需波段的一阶导数。最后将由高光谱影像得到的光谱指数代入 SPAD 值估测模型,得到研究区乳熟期水稻 SPAD 值的空间分布,见图 7-1。

从图 7-1 中可以看出,通过高光谱影像估测的研究区水稻乳熟期 SPAD 值的分布范围为 25.2~40.2,整个研究区的平均值为 31.8,与地面采样点实测值的范围(27.6~39.8)较接近,通过分级统计可知,SPAD 值小于 27.6 的区域仅占整个研究区的 0.05%,而 SPAD 值大于 39.8 的区域占整个研究区的 27.16%,绝大多数区域的 SPAD 值分布在 27.6~39.8。从水稻 SPAD 值的空间分布来看,第 1 块大田的 SPAD 值大于 39.8 的区域范围最多,这与实际情况较为符合。不仅表明高光谱影像进行小区域范围 SPAD 值估测具有一定的可行性,也证明了本次大田采样的数据分布较为合理。

为了检验高光谱影像对水稻 SPAD 值的估测能力,用 30 个地面实测点的 SPAD 值进行检验。将地面实测点的 SPAD 值与高光谱影像上对应点的 SPAD 值制作 1:1 图,见图 7-2。从图 7-2 中可以看出,模型的检验 R^2 为 0.541,RMSE 为

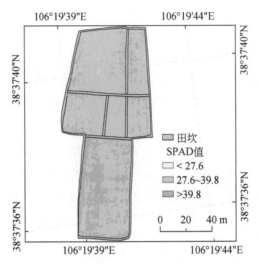

图 7-1　水稻乳熟期大田 SPAD 值的空间分布

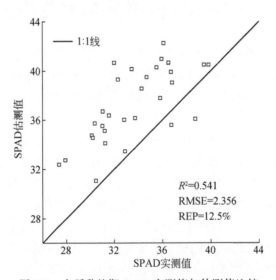

图 7-2　水稻乳熟期 SPAD 实测值与估测值比较

2.356，REP 为 12.5%。绝大多数的估测点都在 1∶1 线之上，表明通过高光谱影像会高估水稻乳熟期的 SPAD 值。乳熟期光谱中混合有大量稻穗的光谱信息，在一定程度上造成估测能力降低，另外采用 D_{702} 波段来代替 D_{700} 波段，也会增加实测值和估测值之间的误差。

7.2 水稻 LAI 高光谱影像空间反演

由前文可知，尽管通过 LS-SVM 优化后的水稻 LAI 估测模型精度略有提高，但模型复杂，参数设置烦琐，因此本着简单易用、易推广的原则，选择水稻 LAI 的比值光谱指数 R_{848}/R_{752} 构建的指数模型来估测区域水稻 LAI。估测模型为：$LAI=0.0004e^{7.449(R_{848}/R_{752})}$，模型共需要用到 R_{848} 和 R_{752} 两个参数，本节分别采用最相近的高光谱影像波段 R_{846} 和 R_{750} 代替。首先对所需波段进行 5 点平滑处理，然后将高光谱影像的光谱指数代入 LAI 估测模型，得到研究区水稻乳熟期 LAI 分布，见图 7-3。

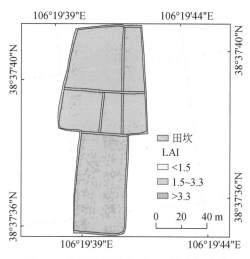

图 7-3　水稻乳熟期大田 LAI 的空间分布

从图 7-3 中可以看出，通过高光谱影像估测的研究区 LAI 的分布范围为 1.3～4.1，整个研究区的平均值为 2.8，与地面采样点实测值的范围（1.5～3.3）相比较大。通过分级统计可知，LAI 小于 1.5 的区域仅占整个研究区的 0.06%，而 LAI 大于 3.3 的区域占整个研究区的 15.48%，绝大多数区域的 LAI 分布在 1.5～3.3。这表明采样数据基本覆盖了研究区 LAI 的数据范围。从不同大田水稻 LAI 的空间分布来看，第 1 块大田的 LAI 值整体高于其他几块大田，并且大于 3.3 的区域范围最多，与 SPAD 值空间分布的情况相似（图 7-1）。

采用 30 个地面 LAI 观测点，对 LAI 分布图上对应位置的 LAI 估测值进行检验，检验结果见图 7-4。从图 7-4 中可以看出，检验 R^2 为 0.578，RMSE 为 0.392，REP 为 17.3%。与 SPAD 值的检验结果类似，绝大多数的 LAI 估测值高于 LAI 实测值，造成这种差异的原因可能是估测值由与模型参数相近的光谱波段得到，另外，两种光谱仪的传感器类型不同，也会造成光谱反射率的差异。

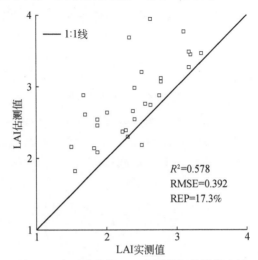

图 7-4　水稻乳熟期 LAI 实测值与估测值比较

7.3　水稻 LNC 高光谱影像空间反演

将高光谱影像提取的高光谱指数代入 LNC 高光谱估测模型：

$$LNC = 0.201 \times (D_{738}/D_{522}) + 1.185$$

计算得到研究区水稻 LNC 的空间分布，见图 7-5。从图 7-5 中可以看出，通过高光谱影像估测的研究区 LNC 的分布范围为 $1.19\% \sim 3.89\%$，整个研究区的

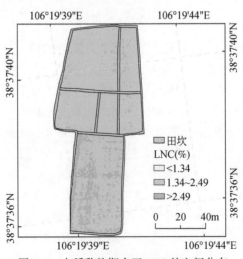

图 7-5　水稻乳熟期大田 LNC 的空间分布

平均值为 2.02% 。由于 2015 年缺少 LNC 数据，未采用地面实测样点数据进行验证。与 2014 年乳熟期水稻大田的 LNC 相比，较地面采样点实测值的范围（1.34% ~ 2.49%）要大。通过分级统计可知，LNC 小于 1.34% 的区域仅占整个研究区的 0.03%，而 LNC 大于 2.49% 的区域占整个研究区的 15.17%，绝大多数区域的 LNC 值分布在 1.34% ~ 2.49%。从 LNC 的空间分布状况来看，与 SPAD 值的分布极为相似，表明 LNC 与 SPAD 值密切相关。

7.4　讨论与结论

7.4.1　讨论

Cubert UHD 185 是一种全画幅、非扫描、实时成像光谱仪，建立了地面分辨率和光谱分辨率之间的合理平衡。与传统推扫式的成像光谱仪相比，具有明显的优势。使用先进的摄影测量技术，UHD 185 不用借助其他信息即可获得相对的位置和方向信息，只需要很少的地面控制点就可以对高光谱影像进行校正。Aasen 等（2015）使用 UHD185 高光谱影像，研究了大麦植株高度、叶绿素含量、LAI 和生物量的空间分布状况，并用地面实测点的数据进行了验证，检验精度 R^2 分别为 0.7、0.52、0.32 和 0.29。叶绿素含量的估测精度与本章研究结果相当，而 LAI 的估测精度比本章研究结果要低很多，原因可能是 Aasen 等的 LAI 模型采用单一生育期的数据构建，而本章采用水稻全生育期进行 LAI 模型构建，时间效应通常会扩大变量的特征空间，进而增加变量之间的相关性（Aasen et al., 2014; Gnyp et al., 2014）。

结合遥感技术特别是高光谱成像技术和参数成图技术可以实现区域范围的生理参数的空间分布状况反演，有助于区域范围实时监测作物的长势状况，为精准农业的实施特别是施肥管理提供可靠的依据。而目前国内借助无人机获取高光谱影像来实现区域范围作物的生理参数的空间分布反演尚处于起步阶段，并且该方法具有一定的局限性。第一，参数成图依赖于生理参数的估测模型，而这些估测模型往往是通过半经验关系建立的，模型本身具有一定的地域性和时间性。尽管这些统计模型分析方法比较灵活简单，但属于经验性的，对于不同的数据源（如不同作物品种、不同生长环境等）需要重新拟合模型系数，需要不断调整模型来适应不同的数据源，所以很难将这种经验模型应用于大尺度的遥感影像，因此寻找更加稳定的模型，并积极探索高光谱影像上的结构和光谱信息，并将二者有机结合以适应精准农业的发展是今后需要深入研究的科学问题。第二，通过无人机搭载的成像光谱仪获取的高光谱影像，在较大区域不可避免会出现影像拼接问题，而接边处的光谱反射率会发生变化，影响估测结果。第三，尺度效应的存在也会影响参数成图的效果。用于建模的数据大多基于叶片尺度（如 SPAD 值和LNC），而无人机获取的高光谱影像在叶片尺度的空间分辨率较粗糙，光谱数据无法达到叶片尺度，这就需要提高仪器的空间分辨率。另外，如果在冠层尺度采样，植物的不同器官、土壤背景信号、多重散射和阴影效应都会影响光谱值。

由于无人机搭载负荷的限制，首先要权衡传感器的空间分辨率和光谱分辨率，尽管可以降低飞行高度来获取所需要的空间分辨率，但会导致地面覆盖范围缩小及飞行时间增加，而目前无人机的飞行时间往往又是有限的。因此，在应用无人机获取的高光谱影像时面临着光谱分辨率、空间分辨率和覆盖范围的多重挑战。在实际应用中，需要我们做出合理的取舍。但随着传感器技术的飞速发展，高光谱的空间分辨率将会在不久的将来得到提高。

7.4.2 结论

高光谱成像光谱仪的出现，使得从高光谱影像中提取生理参数成为可能。本章根据前面几章建立的水稻生理参数的回归模型，利用参数成图技术，制作了研究区 SPAD 值、LAI 和 LNC 的空间分布图，并采用实测的地面数据对生理参数的成图效果进行了检验。通过高光谱影像获取小区域范围内的水稻生理参数具有一定的可行性，为区域精准农业的实施提供了一定的科学依据。

| 第 8 章 | 高分一号遥感影像在水稻长势监测中的应用

借助低空无人机搭载高光谱成像光谱仪可以获取较高空间分辨率和光谱分辨率的高光谱影像，进而实现小范围的作物生理参数反演。但由于目前无人机自身条件限制，飞行距离和飞行时间有限，对于获取大区域范围的高光谱影像具有一定的难度。因此，在区域和全球尺度上，中、低分辨率的遥感数据仍是作物生理参数估算的重要数据源。我国从 20 世纪 80 年代开始利用卫星遥感数据进行作物长势、产量等监测研究（王欢等，1987；吴炳方等，2004；谭昌伟等，2011）。如具有较高时间分辨率的 MODIS 数据在我国农作物长势监测中取得一定的研究成果（吕建海等，2004；张霞等，2005；张明伟等，2007；黄青等，2012）。具有中、高空间分辨率的 TM、SPOT/VGT 在我国大范围作物遥感监测中也有很好的适用性（李卫国等，2007a，2007b，2007c，2010），但由于其重访周期较长，不利于作物的连续监测。

我国于 2013 年 4 月 26 日成功发射了自主研发的高分一号高分辨率对地观测卫星（简称 GF-1 卫星），GF-1 卫星凭借高空间分辨率、多光谱、高时间分辨率（4 天重访周期）和覆盖范围大相结合的优势，为众多行业提供了大量高质量的影像数据，为获取时间序列数据、准确及时地对作物生长状况进行监测提供了有利条件。国家统计局利用 GF-1 卫星影像数据完成了多个省份的包括小麦、水稻、玉米和棉花在内的农作物种植面积及长势监测。贾玉秋等（2015）对比了 GF-1 卫星及 Landsat-8 卫星两种多光谱遥感影像在玉米 LAI 反演中的应用，并指出 GF-1 卫星由于具有较高的空间分辨率，更能凸显 LAI 的分布差异。杨闫君等（2015）利用 GF-1 卫星对县域范围水稻的 LAI 进行了空间反演，其结果指出，以地面实测光谱反演的 LAI 与基于 GF-1 卫星反演的 LAI 之间的拟合精度 R^2 达到0.9，进一步验证了 GF-1 卫星在大区域范围进行作物长势监测的可能性。李粉玲等（2015）通过模拟 GF-1 卫星的光谱反射率，构建了基于遥感光谱指数的冬小麦返青期叶片 SPAD 值估测模型，实现了大面积空间尺度的冬小麦叶片 SPAD 遥感监测。本章将应用 GF-1 卫星的多光谱数据，对抽穗期水稻 SPAD 值、LAI 和 LNC 进行估算，评价 GF-1 卫星影像数据在西北地区水稻长势监测中的应用前景，为大区域尺度水稻生理参数估测提供科学依据和方法。

8.1 影像预处理

本研究 GF-1 卫星数据获取时间为 2014 年 8 月 9 日，与 2014 年水稻观测时间 8 月 12 日（抽穗期）相差 3 天，二者获取时间基本同步。GF-1 卫星数据在晴天获取，研究区没有云覆盖。GF-1 卫星的 PMS 相机可以获取包括 8m 多光谱和 2m 的全色影像。其中 8m 多光谱影像包括 3 个可见光波段，分别为蓝波段（450 ~ 520nm）、绿波段（520 ~ 590nm）和红波段（630 ~ 690nm），以及近红外波段（770 ~ 890nm）和 1 个全色波段（450 ~ 900nm）。首先对 GF-1 卫星 PMS L1A 级数据进行完整的预处理，包括辐射定标、大气校正、正射校正和图像融合等，所有操作均在 ENVI 5.3 中进行。

首先，根据定标公式和定标系数对 GF-1 卫星影像进行辐射定标，利用绝对定标系数将 DN 值图像转换为辐射亮度图像公式为

$$L_e\left(\lambda_e\right) = \text{Gain} \cdot \text{DN} + \text{Offset} \tag{8-1}$$

式中，$L_e\left(\lambda_e\right)$ 为转换后辐亮度，$W/(m^2 \cdot sr \cdot \mu m)$；DN 为卫星载荷观测值；Gain 为定标斜率，$W/(m^2 \cdot sr \cdot \mu m)$；Offset 为绝对定标系数偏移量，$W/(m^2 \cdot sr \cdot \mu m)$。

使用 ENVI 中的 FLAASH 模块进行大气校正，由于辐射定标后数据单位是 $W/(m^2 \cdot sr \cdot \mu m)$，与 FLAASH 要求的单位 $\mu W/(cm^2 \cdot sr \cdot nm)$ 相差 10 倍，因此在大气校正前需要设置缩放系数为 10。其中 GF-1 影像辐射定标所需的绝对辐射定标系数及大气校正中波谱响应函数由中国资源卫星应用中心提供（中国资源卫星应用中心，2015a，2015b）。具体的处理流程见图 8-1，波谱响应函数见图 8-2。对

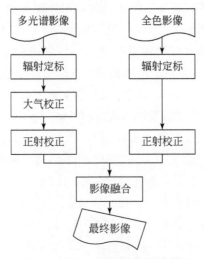

图 8-1　高分一号影像的处理流程

影像进行正射校正的时候借助 ENVI 5.3 新增的 RPC Orthorectification Using Reference Image 工具，可以自动从参考影像上寻找控制点，并将控制点应用于正射校正，极大地提高了校正精度。

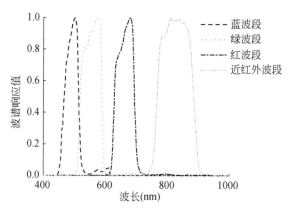

图 8-2　高分一号卫星 PMS 传感器波谱响应函数

8.2　卫星波段反射率模拟和植被指数

由于地面高光谱数据和 GF-1 卫星多光谱相机谱宽不一致，根据 GF-1 的 4 个多光谱相机传感器的波段响应函数，以地面光谱仪实测反射率数据来模拟 GF-1 卫星波段反射率。具体按下式计算：

$$\rho(\lambda) = \frac{\sum_{i=1}^{n} S(\lambda_i)\rho(\lambda_i)\Delta\lambda}{\sum_{i=1}^{n} S(\lambda_i)\Delta\lambda} \tag{8-2}$$

式中，$\rho(\lambda)$ 为模拟宽波段卫星的反射率；n 为光谱响应函数的宽波段内响应点数；$\rho(\lambda_i)$ 是光谱仪测定的第 i 个响应点的水稻冠层高光谱反射率；$S(\lambda_i)$ 是 GF-1 卫星传感器的第 i 个响应点的光谱响应函数值；$\Delta\lambda$ 为光谱响应点间的波段步长。

常用的借助多光谱遥感影像数据来估测作物生理参数的方法是通过回归分析来判断作物生理参数和不同光谱植被指数的相关性，进而构建相应的回归模型。遥感光谱指数通过将不同波段的光谱反射率进行线性或非线性组合，可以削弱背景信息对植被光谱特征的干扰，有助于提高遥感数据表达作物生理参数的精度。光谱植被指数通常为可见光和近红外波段的光谱反射率特征组合，本节借鉴前人研究成果，从 40 多种光谱植被指数中筛选出 9 种与作物生理参数相关较好的光谱植被指数，分别为归一化植被指数（NDVI）、差值植被指数（DVI）、增强植被指数

（EVI）、绿色归一化植被指数（GNDVI）、绿色比值植被指数（GRVI）、氮反射指数（NRI）、二次修正土壤调节植被指数（MSAVI2）、标准叶绿素指数（NPCI）和比值植被指数（RVI）。通过光谱植被指数与水稻 SPAD 值、LAI 和 LNC 的相关分析，并构建相应的多光谱估测模型。各光谱植被指数的计算公式见表 8-1。

表 8-1　光谱植被指数及表达式

光谱植被指数	表达式	参考文献
NDVI	$(R_{nir}-R_r)/(R_{nir}+R_r)$	（Rouse et al., 1974）
DVI	$R_{nir}-R_r$	（Jordan, 1969）
EVI	$2.5(R_{nir}-R_r)/(R_{nir}+6R_r-7.5R_b+1)$	（Liu and Huete, 1995）
GNDVI	$(R_{nir}-R_g)/(R_{nir}+R_g)$	（Gitelson and Merzlyak, 1998）
GRVI	R_{nir}/R_g	（Sripada et al., 2006）
NRI	$(R_g-R_r)/(R_g+R_r)$	（Filella et al., 1995）
MSAVI2	$\frac{1}{2}\left[(2R_{nir}+1)-\sqrt{(2R_{nir}+1)^2-8(R_{nir}-R_r)}\right]$	（Qi et al., 1994）
NPCI	$(R_r-R_b)/(R_r+R_b)$	（Peñuelas et al., 1995）
RVI	R_{nir}/R_r	（Pearson and Miller, 1972）

注：R_{nir}、R_r、R_g 和 R_b 分别为近红外、红、绿和蓝波段的光谱反射率。

8.3　基于 GF-1 卫星数据的水稻 SPAD 值空间监测

8.3.1　光谱指数与水稻抽穗期 SPAD 值的相关性

将 9 个光谱植被指数分别与 SPAD 值进行相关分析，分析结果见表 8-2。从表 8-2 中可以看出，在 9 个光谱植被指数中，NDVI、GNDVI、GRVI、MSAVI2、NPCI 和 RVI 6 个光谱植被指数与水稻 SPAD 值的相关性较高，通过了 0.01 的显著性水平，相关系数均在 0.50 以上，其中 GNDVI 与 SPAD 值的相关性最高，达到 0.838。NRI 与 SPAD 值的相关性通过了 0.05 的显著性检验，而 DVI 和 EVI 与 SPAD 值的相关性不显著。

表 8-2　各光谱植被指数与水稻抽穗期 SPAD 值的相关系数

光谱植被指数	相关系数	Sig.
NDVI	0.805[**]	0.000
DVI	0.405	0.126

光谱植被指数	相关系数	Sig.
EVI	0. 348	0. 224
GNDVI	0. 838 **	0. 000
GRVI	0. 775 **	0. 000
NRI	0. 424 *	0. 039
MSAVI2	0. 564 **	0. 000
NPCI	0. 652 **	0. 001
RVI	0. 638 **	0. 003

＊表示在 0.05 水平上显著相关； ＊＊表示在 0.01 水平上显著相关。

8.3.2 水稻抽穗期 SPAD 值估算模型构建及验证

采用两种方式构建水稻 SPAD 值的估测模型：①选择相关系数最大的光谱植被指数 GNDVI 构建单变量回归模型（LR）；②以相关性检验通过 0.01 水平的 NDVI、GNDVI、GRVI、MSAVI2、NPCI 和 RVI 6 个光谱植被指数进行逐步多元线性回归（MLR）建模，变量选择的判据是变量进入回归方程的 F 的概率小于 0.05，变量剔除的依据是变量进入回归方程的 F 的概率大于 0.10。

对于单变量模型而言，通过对比线性、对数、指数、多项式和幂函数 5 种模型，发现线性模型的决定系数最大，具体模型见表 8-3。对于多元线性回归模型而言，首先进入模型的是 GNDVI，其次是 NPCI，最后是 NDVI，而 GRVI、MSAVI2 和 RVI 被剔除。回归模型的决定系数达到 0.740，RMSE 为 3.28。两个模型均通过了 0.01 的显著性检验。采用同一时期观测的大田数据分别对两个模型的估测能力进行检验，结果见图 8-3。

表 8-3 水稻抽穗期 SPAD 值回归估测模型

模型	表达式	R^2	RMSE	Sig.
LR	43. 838GNDVI+9. 444	0. 702	3. 61	0. 000
MLR	157. 495GNDVI−77. 286NPCI−131. 163NDVI+50. 169	0. 740	3. 28	0. 000

可以看出，多元线性回归模型对 SPAD 值有较高的估测能力，R^2 较大，RMSE 和 REP 相对较小。原因在于多元线性回归模型引入了更多解释 SPAD 值的光谱信息，因此提高了模型的估测能力。两个模型中分布在 1：1 线之上的点较

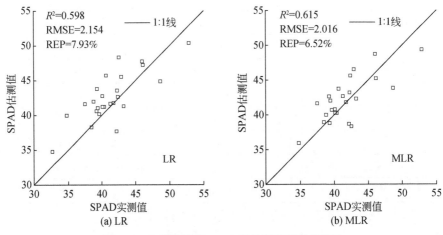

图 8-3　水稻抽穗期 SPAD 值估测模型效果检验

多，表明两个模型均在一定程度上对抽穗期 SPAD 值进行了过高估计。

8.3.3　水稻抽穗期 SPAD 值空间反演

借助上面建立的水稻抽穗期 SPAD 值多元线性回归模型，制作水稻抽穗期 SPAD 值遥感监测专题图，如图 8-4 所示。从图 8-4 中可以看出，整个区域 SPAD 值的范围为 28.4～54.6，通过感兴趣区域提取，并进行简单统计，得出本研究小

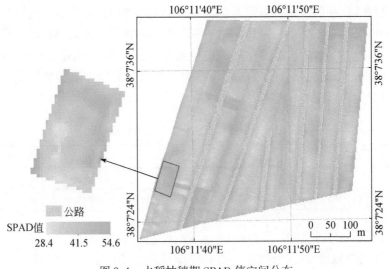

图 8-4　水稻抽穗期 SPAD 值空间分布

区的 SPAD 值范围为 31.3 ~ 54.2，平均值为 42.3，与小区实际地面采样的 SPAD 值范围（32.4 ~ 52.7）相差不大。通过将小区实测值与 SPAD 值估测空间分布图上的同名点的估测值进行拟合分析，检验 R^2 为 0.502，RMSE 为 3.254，REP 为 10.8%。但由于 GF-1 卫星影像空间分辨率有限，N_0、N_1 和 N_2 不同氮素水平小区之间的界线不明显。

8.4 基于 GF-1 卫星数据的水稻 LAI 空间监测

8.4.1 光谱指数与水稻抽穗期 LAI 的相关性

将 9 个光谱植被指数分别与水稻抽穗期 LAI 进行相关分析，分析结果见表 8-4。

表 8-4 光谱植被指数与水稻抽穗期 LAI 的相关系数

光谱植被指数	相关系数	Sig.
NDVI	0.668 **	0.000
DVI	0.649 **	0.000
EVI	0.696 **	0.000
GNDVI	0.637 **	0.000
GRVI	0.604 **	0.000
NRI	0.266	0.118
MSAVI2	0.683 **	0.000
NPCI	−0.245	0.796
RVI	0.748 **	0.000

** 表示在 0.01 水平上显著相关。

从表 8-4 中可以看出，9 个光谱植被指数中，除 NRI 和 NPCI 与 LAI 的相关性不显著外，其余 7 个光谱植被指数与水稻 LAI 的相关性均较高，都在 0.60 以上，且都通过了 0.01 的显著性水平，其中 RVI 与 LAI 的相关性最高，达到 0.748。

8.4.2 水稻抽穗期 LAI 估算模型构建及验证

由于光谱植被指数与 LAI 一般呈非线性关系，因此本研究选择相关系数最大的光谱植被指数 RVI 进行 LAI 的模型构建。通过对比对数模型、指数模型、二次多项式和幂函数模型，发现指数模型 R^2 最大，估测效果如图 8-5 所示。所有建模样本都通过了 95% 的置信水平，估测 R^2 为 0.561，RMSE 为 0.611。采用同一时期的大田数据进行检验，发现检验样本的散点大致分布于 1∶1 线上下（图 8-6），仍有个别点偏离 1∶1 线，模型检验 R^2 为 0.527，RMSE 为 0.528，REP 为 8.71%，表明 RVI 可以很好地估测抽穗期水稻 LAI。

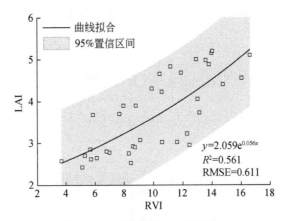

图 8-5　水稻抽穗期 LAI 估测模型

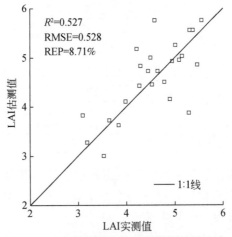

图 8-6　水稻抽穗期 LAI 估测模型效果检验

8.4.3　水稻抽穗期 LAI 空间反演

将 GF-1 影像上每个像元的 RVI 值代入 LAI 估测模型，得到 LAI 空间分布图，如图 8-7 所示。从图 8-7 中可以看出,整个区域的 LAI 范围为 2.4 ~ 5.4,LAI 空间分布图中试验小区的 LAI 范围为 2.7 ~ 5.0,与小区实际地面采样的 LAI 的范围(2.6 ~ 5.2)比较接近。将水稻 LAI 分布图上与地面同名点的 LAI 值与地面实测 LAI 值进行拟合分析,结果表明检验 R^2 为 0.534,RMSE 为 0.326,REP 为 7.03%。LAI 的空间分布趋势与 SPAD 值相似,SPAD 值高的地区 LAI 也相对较高,对于研究区而言,LAI 的大致分布情况也与实际情况较相符,即 LAI 随 N_2 到 N_0 表现出递减的趋势。

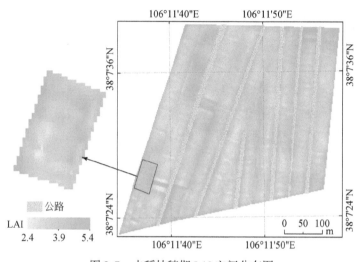

图 8-7   水稻抽穗期 LAI 空间分布图

8.5   基于 GF-1 卫星数据的水稻 LNC 空间监测

8.5.1   光谱植被指数与水稻抽穗期 LNC 的相关性

将 9 个光谱植被指数分别与水稻抽穗期 LNC 进行相关分析,分析结果见表 8-5。

表 8-5   光谱植被指数与水稻抽穗期 LNC 的相关系数

光谱植被指数	相关系数	Sig.
NDVI	0.657**	0.000
DVI	0.392	0.162
EVI	0.334	0.241

光谱植被指数	相关系数	Sig.
GNDVI	0.709 **	0.000
GRVI	0.770 **	0.000
NRI	0.478 *	0.033
MSAVI2	0.517 **	0.001
NPCI	0.389 *	0.019
RVI	0.774 **	0.000

*表示在 0.05 水平上显著相关；**表示在 0.01 水平上显著相关。

从表 8-5 中可以看出，9 个光谱植被指数中，NDVI、GNDVI、GRVI、MSAVI2、和 RVI 5 个光谱植被指数与 LNC 的相关性较高，且都通过了 0.01 的显著性水平。其中 RVI 与 LNC 的相关性最高，达到 0.774。NRI 和 NPCI 与 LNC 的相关性通过了 0.05 的显著性水平，而 DVI 和 EVI 与 LNC 的相关性不显著。

8.5.2 水稻抽穗期 LNC 估算模型构建及验证

选择相关系数最大的光谱植被指数 RVI 构建水稻抽穗期 LNC 的线性和非线性模型。通过对比线性模型、对数模型、指数模型、二次多项式和幂函数模型，发现线性模型最优，估测效果如图 8-8 所示。绝大多数的建模样本都通过了 95% 的置信水平，估测 R^2 为 0.599，RMSE 为 0.422。采用同一时期的大田数据进行检验（图 8-9），模型的检验 R^2 为 0.559，RMSE 为 0.363，REP 为 14.6%。检验样本的散点大致分布于 1∶1 线之上，表明模型会对大部分样本造成过高估计。

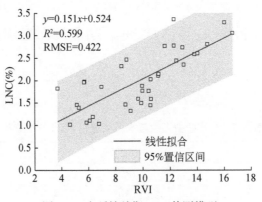

图 8-8 水稻抽穗期 LNC 估测模型

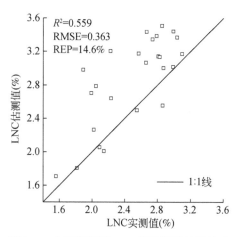

图 8-9　水稻抽穗期 LNC 估测模型效果检验

8.5.3　水稻抽穗期 LNC 空间反演

将 GF-1 影像上每个像元的 RVI 值代入 LNC 的线性估测模型，得到 LNC 的空间分布图，如图 8-10 所示。

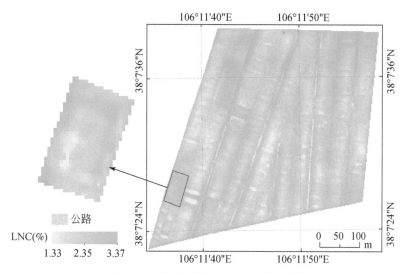

图 8-10　水稻抽穗期 LNC 空间分布图

GF-1 卫星数据估测的整个区域的 LNC 范围为 1.33% ~ 3.37%，试验小区的 LNC 范围为 1.48% ~ 3.21%，与小区实测 LNC 范围（1.44% ~ 2.86%）比

较相近，从 LNC 空间分布图中提取与地面同名点的 LNC 估测值，并与地面 LNC 实测值进行拟合分析，得到检验 R^2 为 0.525，RMSE 为 0.372，REP 为 13.24%。LNC 的空间分布情况与 LAI 和 SPAD 值的分布较一致，表明氮素与 LAI 和 SPAD 值有很好的相关性。

8.6　讨论与结论

8.6.1　讨论

通过地面实测光谱数据模拟宽波段卫星的反射特征，可以实现区域范围作物的长势监测研究。与水稻 SPAD 值相关性最好的模型为基于 GNDVI、NPCI 和 NDVI 的多元线性回归模型，与 LAI 和 LNC 相关性最好的光谱植被指数均为比值植被指数（RVI），这与前面章节的研究结果一致。陈拉等（2008）利用水稻冠层高光谱数据，模拟了 NOAA、AVHRR、MODIS 和 Landsat-TM 的反射特征，利用植被指数对水稻的 LAI 进行了估测，但未考虑不同卫星的空间分辨率的影响。黄汝根等（2015）借助 GF-1 卫星，反演了华南地区亚热带典型作物的 SPAD 值的空间分布状况，取得了很好的效果，其认为与 SPAD 值相关性最好的是 RVI 的指数模型，与本章的结果不同，造成差异的原因可能是其在应用 GF-1 卫星时未考虑卫星传感器不同波段的光谱响应函数的影响；另外，黄汝根等的研究对象涉及多种植被，而本章的研究对象为单一的水稻。本研究中 SPAD 值、LAI 和 LNC 的空间分布图均与地面的实际情况较为相符。可见，高分一号卫星凭借较高的地面分辨率，在大区域范围作物遥感监测中具有一定的优势。另外，GF-1 还具有较高的时间分辨率，使其较容易获得作物生长期内的连续影像，尤其是在夏季，增加了获得无云覆盖影像的概率。因此，GF-1 卫星将使作物主要生育期的长势连续监测成为可能。

8.6.2　结论

通过遥感手段获得水稻区域范围的长势信息，对精准农业有很好的服务作用。本章通过地面实测冠层光谱模拟 GF-1 卫星的红、绿、蓝和近红外 4 个波段的反射特征，借助最佳光谱植被指数对区域水稻抽穗期的 SPAD 值、LAI 和 LNC 进行了空间分布估测。以 GNDVI、NPCI 和 NDVI 构建的多元线性模型，对水稻 SPAD 值有较好的估测性，而 LAI 和 LNC 的最佳估测模型分别是由 RVI 构建的指数模型和线性模型。水稻 LNC 的空间分布图与 SPAD 值和 LAI 的基本相似，表明氮素与 SPAD 值和 LAI 有很好的相关性。由于空间分辨率的限制，空间分布图没能很好地表达研究小区不同氮素水平水稻的长势情况。因此，GF-1 号卫星一般适合大范围作物长势监测研究，对细节的表达效果不佳。

参 考 文 献

陈兵, 韩焕勇, 王方永, 等. 2013. 利用光谱红边参数监测黄萎病棉叶叶绿素和氮素含量. 作物学报, 39 (2): 319-329.

陈拉, 黄敬峰, 王秀珍. 2008. 不同传感器的模拟植被指数对水稻叶面积指数的估测精度和敏感性分析. 遥感学报, 12 (1): 143-151.

陈平平, 周娟, 李艳芳, 等. 2015. 酸化土壤对晚稻根系生理特性与氮素利用效率的影响. 华北农学报, 30 (6): 188-194.

陈述彭. 1998. 遥感信息机理. 北京: 中国科学技术出版社.

陈召霞, 徐新刚, 徐良骥, 等. 2016. 基于新型植被指数的冬小麦覆盖度遥感估算. 麦类作物学报, 36 (7): 939-944.

程高峰, 张佳华, 李秉柏, 等. 2008. 不同温度处理下水稻高光谱及红边特征分析. 江苏农业学报, 24 (5): 573-580.

丁国香. 2008. 基于神经网络的土壤有机质及全铁含量的高光谱反演研究. 南京: 南京信息工程大学硕士学位论文.

丁希斌, 刘飞, 张初, 等. 2015. 基于高光谱成像技术的油菜叶片 SPAD 值检测. 光谱学与光谱分析, 35 (2): 486-491.

董锦绘, 杨小冬, 高林, 等. 2016. 基于无人机遥感影像的冬小麦倒伏面积信息提取. 黑龙江农业科学, (10): 147-152.

方匡南, 吴见彬, 朱建平, 等. 2011. 随机森林方法研究综述. 统计与信息论坛, 26 (3): 32-38.

高林, 李长春, 王宝山, 等. 2016. 基于多源遥感数据的大豆叶面积指数估测精度对比. 应用生态学报, 27 (1): 191-200.

黄春燕, 王登伟, 张煜星. 2009. 基于棉花红边参数的叶绿素密度及叶面积指数的估算. 农业工程学报, 25 (S2): 137-141.

黄敬峰, 王福民, 王秀珍. 2010. 水稻高光谱试验研究. 杭州: 浙江大学出版社.

黄青, 李丹丹, 陈仲新, 等. 2012. 基于 MODIS 数据的冬小麦种植面积快速提取与长势监测. 农业机械学报, 43 (7): 163-167.

黄汝根, 刘振华, 胡月明, 等. 2015. 基于"高分一号"遥感影像反演华南地区亚热带典型作物冠层 SPAD. 华南农业大学学报, 36 (4): 105-111.

贾玉秋, 李冰, 程永政, 等. 2015. 基于 GF-1 与 Landsat-8 多光谱遥感影像的玉米 LAI 反演比较. 农业工程学报, 31 (9): 173-179.

金震宇, 田庆久, 惠凤鸣, 等. 2003. 水稻叶绿素浓度与光谱反射率关系研究. 遥感技术与应用, 18 (3): 134-137.

鞠昌华, 田永超, 朱艳, 等. 2008. 小麦叠加叶片的叶绿素含量光谱反演研究. 麦类作物学报, 28 (6): 1068-1074.

剧成欣, 张耗, 王志琴, 等. 2013. 水稻高产和氮肥高效利用研究进展. 中国稻米, 19 (1): 16-21.

李艾芬, 麻万诸, 章明奎. 2014. 水稻土的酸化特征及其起因. 江西农业学报, (1): 72-76.

李波, 张俊飚, 李海鹏. 2008. 我国中长期粮食需求分析及估测. 中国稻米, (3): 23-25.

李粉玲, 王力, 刘京, 等. 2015. 基于高分一号卫星数据的冬小麦叶片 SPAD 值遥感估算. 农业机械学报, 46 (9): 273-281.

李卫国, 王纪华, 赵春江, 等. 2007a. 基于遥感信息和产量形成过程的小麦估产模型. 麦类作物学报, 27 (5): 904-907.

李卫国, 王纪华, 赵春江, 等. 2007b. 基于 TM 影像的冬小麦苗期长势与植株氮素遥感监测研究. 遥感信息, (2): 12-15.

李卫国, 赵春江, 王纪华, 等. 2007c. 基于卫星遥感的冬小麦拔节期长势监测. 麦类作物学报, 27 (3): 523-527.

李卫国, 李花, 王纪华, 等. 2010. 基于 Landsat/TM 遥感的冬小麦长势分级监测研究. 麦类作物学报, 30 (1): 92-95.

李鑫川, 鲍艳松, 徐新刚, 等. 2013. 融合可见光–近红外与短波红外特征的新型植被指数估算冬小麦 LAI. 光谱学与光谱分析, 33 (9): 2398-2402.

李永梅, 张立根, 张学俭. 2017. 水稻叶片高光谱响应特征及氮素估算. 江苏农业科学, 45 (23): 210-213.

刘美玲, 刘湘南, 李婷, 等. 2010. 水稻锌污染胁迫的光谱奇异性分析. 农业工程学报, 26 (3): 191-197.

刘占宇, 黄敬峰, 王福民, 等. 2008. 估算水稻叶面积指数的调节型归一化植被指数. 中国农业科学, 41 (10): 3350-3356.

吕殿青, 同延安, 孙本华, 等. 1998. 氮肥施用对环境污染影响的研究. 植物营养与肥料学报, 4 (1): 8-15.

吕建海, 陈曦, 王小平, 等. 2004. 大面积棉花长势的 MODIS 监测分析方法与实践. 干旱区地理, 27 (1): 118-123.

罗丹, 常庆瑞, 齐雁冰, 等. 2016. 基于光谱指数的冬小麦冠层叶绿素含量估算模型研究. 麦类作物学报, 36 (9): 1225-1233.

浦瑞良, 宫鹏. 2000. 高光谱遥感及其应用. 北京: 高等教育出版社.

邵东国, 李颖, 杨平富, 等. 2015. 水稻节水条件下氮素的利用及环境效应分析. 水利学报, 46 (2): 146-152.

宋开山, 张柏, 李方, 等. 2005. 玉米叶绿素含量的高光谱估算模型研究. 作物学报, 31 (8): 1095-1097.

孙玉焕, 杨志海. 2008. 水稻氮素营养诊断方法研究进展. 安徽农业科学, 36 (19): 8035-8037, 8049.

谭昌伟, 周清波, 齐腊, 等. 2008. 水稻氮素营养高光谱遥感诊断模型. 应用生态学报, 19 (6): 1261-1268.

谭昌伟, 王纪华, 赵春江, 等. 2011. 利用 Landsat TM 遥感数据监测冬小麦开花期主要长势参数. 农业工程学报, 27 (5): 224-230.

唐延林, 王人潮, 黄敬峰, 等. 2004. 不同供氮水平下水稻高光谱及其红边特征研究. 遥感学报, 8 (2): 185-192.

田明璐, 班松涛, 常庆瑞, 等.2016. 基于低空无人机成像光谱仪影像估算棉花叶面积指数. 农业工程学报, 32 (21): 102-108.

田永超, 杨杰, 姚霞, 等. 2009. 水稻高光谱红边位置与叶层氮浓度的关系. 作物学报, 35 (9): 1681-1690.

田有文, 程怡, 王小奇, 等.2014. 基于高光谱成像的苹果虫害检测特征向量的选取. 农业工程学报, 30 (12): 132-139.

童庆禧, 张兵, 郑兰芬.2006. 高光谱遥感——原理、技术与应用. 北京: 高等教育出版社, 1-65.

王福民, 黄敬峰, 唐延林, 等. 2007. 新型植被指数及其在水稻叶面积指数估算上的应用. 中国水稻科学, 21 (2): 159-166.

王福民, 黄敬峰, 刘占宇, 等.2009. 水稻色素含量估算的最优比值色素指数研究. 浙江大学学报 (农业与生命科学版), 35 (3): 321-328.

王欢, 徐希孺, 承继成.1987. 利用气象卫星磁带数据监测冬小麦长势. 遥感信息, (3): 9-11.

王明华. 2006. "十一五" 时期我国粮食需求总量估测. 调研世界, (4): 16-18.

王秀珍, 王人潮, 李云梅, 等. 2001. 不同氮素营养水平的水稻冠层光谱红边参数及其应用研究. 浙江大学学报 (农业与生命科学版), 27 (3): 301-306.

王秀珍, 黄敬峰, 李云梅, 等.2004. 水稻叶面积指数的高光谱遥感估算模型. 遥感学报, 8 (1): 81-88.

吴炳方, 张峰, 刘成林, 等.2004. 农作物长势综合遥感监测方法. 遥感学报, 8 (6): 498-514.

吴昌友.2007. 神经网络的研究及应用. 哈尔滨: 东北农业大学硕士学位论文.

吴龙国, 何建国, 刘贵珊, 等.2013. 基于 NIR 高光谱成像技术的长枣虫眼无损检测. 发光学报, 34 (11): 1527-1532.

吴麓.1979. 氮肥的硝化与环境污染. 环境保护, (1): 26-28.

谢静, 陈适, 王珺珂, 等.2014. 基于高光谱成像技术的水稻叶片 SPAD 值及其分布问题研究. 华中师范大学学报 (自然科学版), 48 (2): 269-273.

谢晓金, 李映雪, 李秉柏, 等.2010a. 高温胁迫下水稻产量的高光谱估测研究. 中国水稻科学, 24 (2): 196-202.

谢晓金, 申双和, 李映雪, 等.2010b. 高温胁迫下水稻红边特征及 SPAD 和 LAI 的监测. 农业工程学报, 26 (3): 183-190.

薛利红, 曹卫星, 罗卫红, 等.2004. 光谱植被指数与水稻叶面积指数相关性的研究. 植物生态学报, 28 (1): 47-52.

杨闫君, 田庆久, 黄彦, 等.2015. 高分一号影像水稻叶面积指数反演真实性检验. 遥感信息, 30 (5): 62-68.

姚霞, 朱艳, 田永超, 等.2009. 小麦叶层氮含量估测的最佳高光谱参数研究. 中国农业科学, 42 (8): 2716-2725.

于天一, 孙秀山, 石程仁, 等.2014. 土壤酸化危害及防治技术研究进展. 生态学杂志, 33 (11): 3137-3143.

张满利，陈盈，隋国民，等．2010．氮肥对水稻产量和氮肥利用率的影响．中国农学通报，26（13）：230-234．

张明伟，周清波，陈仲新，等．2007．基于 MODIS EVI 时间序列的冬小麦长势监测．中国农业资源与区划，28（2）：29-33．

张霞，张兵，卫征，等．2005．MODIS 光谱指数监测小麦长势变化研究．中国图象图形学报，10（4）：420-424．

张晓阳，李劲峰．1995．利用垂直植被指数推算作物叶面积系数的理论模式．遥感技术与应用，（3）：13-18．

张筱蕾，刘飞，聂鹏程，等．2014．高光谱成像技术的油菜叶片氮含量及分布快速检测．光谱学与光谱分析，34（9）：2513-2518．

赵英．1981．合理施用氮肥减少环境污染．环境保护，（1）：39-41．

赵英时．2013．遥感应用分析原理与方法．北京：科学出版社．

中国资源卫星应用中心．2015a．2014 年国产陆地观测卫星绝对辐射定标系数．北京：中国资源卫星应用中心．

中国资源卫星应用中心．2015b．GF-1-2m 全色 8m 多光谱相机-光谱响应函数．北京：中国资源卫星应用中心．

周晓阳，徐明岗，周世伟，等．2015a．长期施肥下我国南方典型农田土壤的酸化特征．植物营养与肥料学报，21（6）：1615-1621．

周晓阳，周世伟，徐明岗，等．2015b．中国南方水稻土酸化演变特征及影响因素．中国农业科学，48（23）：4811-4817．

周竹，李小昱，陶海龙，等．2012．基于高光谱成像技术的马铃薯外部缺陷检测．农业工程学报，2012，28（21）：221-228．

Aasen H, Bendig J, Bolten A, et al. 2014. Introduction and preliminary results of a calibration for full-frame hyperspectral cameras to monitor agricultural crops with UAVs. International Archives of the Photogrammetry, Remote Sensing and Spatial Information Sciences, 7：1-8.

Aasen H, Burkart A, Bolten A, et al. 2015. Generating 3D hyperspectral information with lightweight UAV snapshot cameras for vegetation monitoring：from camera calibration to quality assurance. ISPRS Journal of Photogrammetry and Remote Sensing, 108：245-259.

Aoki M, Yabuki K, Totsuka T. 1981. An evaluation of chlorophyll content of leaves based on the spectral reflectivity in several plants. Tokyo：National Institute for Environmental Studies.

Asner G P. 1998. Biophysical and biochemical sources of variability in canopy reflectance. Remote Sensing of Environment, 64（3）：234-253.

Barnes J D, Balaguer L, Manrique E, et al. 1992. A reappraisal of the use of DMSO for the extraction and determination of chlorophylls a and b in lichens and higher plants. Environmental and Experimental Botany, 32（2）：85-100.

Blackburn G A. 1998. Quantifying chlorophylls and caroteniods at leaf and canopy scales：an evaluation of some hyperspectral approaches. Remote Sensing of Environment, 66（3）：273-285.

Bonham-Carter G F. 1988. Numerical procedures and computer program for fitting an inverted gaussian model to vegetation reflectance data. Computers & Geosciences, 14 (3): 339-356.

Breiman L. 2001. Random forests. Machine Learning, 45 (1): 5-32.

Broge N H, Leblanc E. 2001. Comparing prediction power and stability of broadband and hyperspectral vegetation indices for estimation of green leaf area index and canopy chlorophyll density. Remote Sensing of Environment, 76 (2): 156-172.

Burges C J C. 1998. A tutorial on support vector machines for pattern recognition. Data Mining and Knowledge Discovery, 2 (2): 121-167.

Buschmann C, Nagel E. 1993. In vivo spectroscopy and internal optics of leaves as basis for remote sensing of vegetation. International Journal of Remote Sensing, 14 (4): 711-722.

Canisius F, Fernandes R. 2012. Evaluation of the information content of Medium Resolution Imaging Spectrometer (MERIS) data for regional leaf area index assessment. Remote Sensing of Environment, 119: 301-314.

Carlson T N, Ripley D A. 1997. On the relation between NDVI, fractional vegetation cover, and leaf area index. Remote Sensing of Environment, 62 (3): 241-252.

Carter G A. 1994. Ratios of leaf reflectances in narrow wavebands as indicators of plant stress. International Journal of Remote Sensing, 15 (3): 697-703.

Chappelle E W, Kim M S, McMurtrey J E. 1992. Ratio analysis of reflectance spectra (RARS): an algorithm for the remote estimation of the concentrations of chlorophyll A, chlorophyll B, and carotenoids in soybean leaves. Remote Sensing of Environment, 39 (3): 239-247.

Chu X, Guo Y, He J, et al. 2014. Comparison of different hyperspectral vegetation indices for estimating canopy leaf nitrogen accumulation in rice. Agronomy Journal, 106 (5): 1911.

Collins W. 1978. Remote sensing of crop type and maturity. Photogrammetric Engineering and Remote Sensing, 44 (1): 43-55.

Dash J, Curran P J. 2004. The MERIS terrestrial chlorophyll index. International Journal of Remote Sensing, 25 (23): 5403-5413.

Datt B. 1998. Remote sensing of chlorophyll a, chlorophyll b, chlorophyll a+b, and total carotenoid content in Eucalyptus leaves. Remote Sensing of Environment, 66 (2): 111-121.

Datt B. 1999. Visible/near infrared reflectance and chlorophyll content in Eucalyptus leaves. International Journal of Remote Sensing, 20 (14): 2741-2759.

Diacono M, Rubino P, Montemurro F. 2013. Precision nitrogen management of wheat. A review. Agronomy for Sustainable Development, 33 (1): 219-241.

Fan W, Gai Y, Xu X, et al. 2012. The spatial scaling effect of discrete canopy effective leaf area index retrieved by remote sensing.

Filella I, Peñuelas J. 1994. The red edge position and shape as indicators of plant chlorophyll content, biomass and hydric status. International Journal of Remote Sensing, 15 (7): 1459-1470.

Filella I, Serrano L, Serra J, et al. 1995. Evaluating wheat nitrogen status with canopy reflectance indices and discriminant analysis. Crop Science, 35 (5): 1400-1405.

Gates D M, Keegan H J, Schleter J C, et al. 1965. Spectral properties of plants. Applied Optics,

4 (1): 11-20.

Gitelson A A, Merzlyak M N. 1997. Remote estimation of chlorophyll content in higher plant leaves. International Journal of Remote Sensing, 18 (12): 2691-2697.

Gitelson A A, Merzlyak M N. 1998. Remote sensing of chlorophyll concentration in higher plant leaves. Advances in Space Research, 22 (5): 689-692.

Gitelson A A, Viña A, Ciganda V, et al. 2005. Remote estimation of canopy chlorophyll content in crops. Geophysical Research Letters, 32 (8): 1-4.

Gitelson A A, Zur Y, Chivkunova O B, et al. 2002. Assessing carotenoid content in plant leaves with reflectance spectroscopy. Photochemistry and Photobiology, 75 (3): 272-281.

Gitelson A, Merzlyak M N. 1994. Spectral reflectance changes associated with autumn senescence of *Aesculus hippocastanum* L. and *Acer platanoides* L. leaves spectral features and relation to chlorophyll estimation. Journal of Plant Physiology, 143 (3): 286-292.

Gnyp M L, Miao Y, Yuan F, et al. 2014. Hyperspectral canopy sensing of paddy rice aboveground biomass at different growth stages. Field Crops Research, 155: 42-55.

Gong P, Pu R L, Biging G S, et al. 2003. Estimation of forest leaf area index using vegetation indices derived from Hyperion hyperspectral data. IEEE Transactions on Geoscience and Remote Sensing, 41 (6): 1355-1362.

Govender M, Chetty K, Bulcock H. 2007. A review of hyperspectral remote sensing and its application in vegetation and water resource studies. Water SA, 33 (2): 145-151.

Grossman Y L, Ustin S L, Jacquemoud S, et al. 1996. Critique of stepwise multiple linear regression for the extraction of leaf biochemistry information from leaf reflectance data. Remote Sensing of Environment, 56 (3): 182-193.

Gupta R K, Vijayan D, Prasad T S. 2003. Comparative analysis of red-edge hyperspectral indices. Advances in Space Research, 32 (11): 2217-2222.

Gupta R K, Vijayan D, Prasad T S. 2006. The relationship of hyper-spectral vegetation indices with leaf area index (LAI) over the growth cycle of wheat and chickpea at 3nm spectral resolution. Advances in Space Research, 38 (10): 2212-2217.

Hatfield J L, Gitelson A A, Schepers J S, et al. 2008. Application of spectral remote sensing for agronomic decisions. Agronomy Journal, 100 (3): S117-S131.

Hawkins T S, Gardiner E S, Comer G S. 2009. Modeling the relationship between extractable chlorophyll and SPAD-502 readings for endangered plant species research. Journal for Nature Conservation, 17 (2): 123-127.

Huete A R. 1988. A soil-adjusted vegetation index (SAVI). Remote Sensing of Environment, 25 (3):295-309.

Inoue Y, Miah G, Sakayia E, et al. 2008. NDSI map and IPLS using hyperspectral data for assessment of plant and ecosystem variables: with a case study on remote sensing of grain protein content, chlorophyll content and biomass in rice. Journal of The Remote Sensing Society of Japan, 28 (4): 317-330.

Inoue Y, Sakaiya E, Zhu Y, et al. 2012. Diagnostic mapping of canopy nitrogen content in rice based on hyperspectral measurements. Remote Sensing of Environment, 126: 210-221.

Jego G, Pattey E, Liu J. 2012. Using leaf area index, retrieved from optical imagery, in the STICS crop model for predicting yield and biomass of field crops. Field Crops Research, 131: 63-74.

Jensen R R, Hardin P J, Hardin A J. 2012. Estimating urban leaf area index (LAI) of individual trees with hyperspectral data. Photogrammetric Engineering and Remote Sensing, 78 (5): 495-504.

Jiang J, Chen Y, Huang W, et al. 2012. A new normalized difference index for estimating leaf area index of wheat under yellow rust stress. Sensor Letters, 10 (1-2): 324-329.

Jongschaap R E E, Booij R. 2004. Spectral measurements at different spatial scales in potato: relating leaf, plant and canopy nitrogen status. International Journal of Applied Earth Observation and Geoinformation, 5 (3): 205-218.

Jordan C F. 1969. Derivation of leaf-area index from quality of light on the forest floor. Ecology, 50 (4): 663-666.

Knipling E B. 1970. Physical and physiological basis for the reflectance of visible and near-infrared radiation from vegetation. Remote Sensing of Environment, 1 (3): 155-159.

Kochubey S M, Kazantsev T A. 2007. Changes in the first derivatives of leaf reflectance spectra of various plants induced by variations of chlorophyll content. Journal of Plant Physiology, 164 (12): 1648-1655.

Lamb D W, Steyn-Ross M, Schaare P, et al. 2002. Estimating leaf nitrogen concentration in ryegrass (*Lolium* spp.) pasture using the chlorophyll red-edge: Theoretical modelling and experimental observations. International Journal of Remote Sensing, 23 (18): 3619-3648.

Langone R, Alzate C, De Ketelaere B, et al. 2015. LS-SVM based spectral clustering and regression for predicting maintenance of industrial machines. Engineering Applications of Artificial Intelligence, 37: 268-278.

le Maire G, François C, Dufrêne E. 2004. Towards universal broad leaf chlorophyll indices using PROSPECT simulated database and hyperspectral reflectance measurements. Remote Sensing of Environment, 89 (1): 1-28.

Lee Y, Yang C, Chang K, et al. 2008. A simple spectral index using reflectance of 735nm to assess nitrogen status of rice canopy. Agronomy Journal, 100 (1): 205-212.

Li J, Yang J, Fei P, et al. 2009. Responses of rice leaf thickness, SPAD readings and chlorophyll a/b ratios to different nitrogen supply rates in paddy field. Field Crops Research, 114 (3): 426-432.

Li J, Cheng J, Shi J, et al. 2012. Brief Introduction of Back Propagation (BP) Neural Network Algorithm and Its Improvement. Berlin, Heidelberg: Springer Berlin Heidelberg.

Li J, Guo X, Li Z, et al. 2014. Stochastic adaptive optimal control of under-actuated robots using neural networks. Neurocomputing, 142 (1): 190-200.

Lichtenthaler H K, Gitelson A, Lang M. 1996. Non-destructive determination of chlorophyll content of leaves of a green and an aurea mutant of tobacco by reflectance measurements. Journal of Plant Physiology, 148 (3-4): 483-493.

Liu H Q, Huete A. 1995. A feedback based modification of the NDVI to minimize canopy background and atmospheric noise. IEEE Transactions on Geoscience and Remote Sensing, 33 (2): 457-465.

Liu L, Wang J, Huang W, et al. 2004. Estimating winter wheat plant water content using red edge parameters. International Journal of Remote Sensing, 25 (17): 3331-3342.

Liu R, Ren H, Liu S, et al. 2015. Modelling of fraction of absorbed photosynthetically active radiation in vegetation canopy and its validation. Biosystems Engineering, 133: 81-94.

Maccioni A, Agati G, Mazzinghi P. 2001. New vegetation indices for remote measurement of chlorophylls based on leaf directional reflectance spectra. Journal of Photochemistry and Photobiology B: Biology, 61 (1-2): 52-61.

Manetas Y, Grammatikopoulos G, Kyparissis A. 1998. The use of the portable, non- destructive, spad-502 (minolta) chlorophyll meter with leaves of varying trichome density and anthocyanin content. Journal of Plant Physiology, 153 (3-4): 513-516.

McDaniel K C, Haas R H. 1982. Assessing mesquite-grass vegetation condition from Landsat. Photogrammetric Engineering and Remote Sensing. 48 (3): 441-450.

McMurtrey J E, Chappelle E W, Kim M S, et al. 1994. Fluorescence Measurements of Vegetation Distinguishing nitrogen fertilization levels in field corn (*Zea mays* L.) with actively induced fluorescence and passive reflectance measurements. Remote Sensing of Environment, 47 (1): 36-44.

Mehrkanoon S, Suykens J A K. 2012. LS- SVM approximate solution to linear time varying descriptor systems. Automatica, 48 (10): 2502-2511.

Mehrkanoon S, Suykens J A K. 2015. Learning solutions to partial differential equations using LS-SVM. Neurocomputing, 159: 105-116.

Nguyen H T, Kim J H, Nguyen A T, et al. 2006. Using canopy reflectance and partial least squares regression to calculate within- field statistical variation in crop growth and nitrogen status of rice. Precision Agriculture, 7 (4): 249-264.

Pearson R L, Miller L D. 1972. Remote mapping of standing crop biomass for estimation of the productivity of the short-grass prairie. Remote Sensing of Environment, 45 (2): 7-12.

Peñuelas J, Gamon J A, Fredeen A L, et al. 1994. Reflectance indices associated with physiological changes in nitrogen- and water-limited sunflower leaves. Remote Sensing of Environment, 48 (2): 135-146.

Peñuelas J, Baret F, Filella I. 1995. Semi-empirical indices to assess carotenoids/chlorophyll a ratio from leaf spectral reflectances. Photosynthetica, 31 (2): 221-230.

Pfeifer M, Gonsamo A, Disney M, et al. 2012. Leaf area index for biomes of the Eastern Arc Mountains: Landsat and SPOT observations along precipitation and altitude gradients. Remote Sensing of Environment, 118: 103-115.

Pu R L, Gong P, Biging G S, et al. 2003. Extraction of red edge optical parameters from Hyperion data for estimation of forest leaf area index. IEEE Transactions on Geoscience and Remote Sensing, 41 (42): 916-921.

Qi J, Chehbouni A, Huete A R, et al. 1994. A modified soil adjusted vegetation index. Remote Sensing of Environment. 48 (2): 119-126.

Ramesh K, Chandrasekaran B, Balasubramanian T N, et al. 2002. Chlorophyll dynamics in rice (*Oryza sativa*) before and after flowering based on SPAD (chlorophyll) meter monitoring and its relation with grain yield. Journal of Agronomy and Crop Science, 188 (2): 102-105.

Richter K, Hank T B, Vuolo F, et al. 2012. Optimal exploitation of the sentinel-2 spectral capabilities for crop leaf area index mapping. Remote Sensing, 4 (3): 561-582.

Rouse J W, Haas R H, Schell J A. 1974. Monitoring the vernal advancement and retrogradation (greenwave effect) of natural vegetation. College Station: Texas A and M University.

Ruffin C, King R L, Younan N H. 2008. A combined derivative spectroscopy and savitzky-golay filtering method for the analysis of hyperspectral data. GIScience & Remote Sensing, 45 (1): 1-15.

Ryu C, Suguri M, Umeda M. 2011. Multivariate analysis of nitrogen content for rice at the heading stage using reflectance of airborne hyperspectral remote sensing. Field Crops Research, 122 (3): 214-224.

Savitzky A, Golay M J E. 1964. Smoothing and differentiation of data by simplified least squares procedures. Analytical Chemistry, 36 (8): 1627-1639.

Schepers J S, Francis D D, Vigil M. 1992. Comparison of corn leaf nitrogen concentration and chlorophyll meter readings. Communications in Soil Science and Plant Analysis, 23 (17-20): 2173-2187.

Schlemmer M R, Francis D D, Shanahan J F, et al. 2005. Remotely measuring chlorophyll content in corn leaves with differing nitrogen levels and relative water content. Agronomy Journal, 97 (1): 102-112.

Shibayama M, Akiyama T. 1989. Seasonal visible, near-infrared and mid-infrared spectra of rice canopies in relation to LAI and above-ground dry phytomass. Remote Sensing of Environment, 27 (2): 119-127.

Sims D A, Gamon J A. 2002. Relationships between leaf pigment content and spectral reflectance across a wide range of species, leaf structures and developmental stages. Remote Sensing of Environment, 81 (2-3): 337-354.

Specht D F. 2002. A general regression neural network. IEEE Transactions on Neural Networks, 2 (6): 568-576.

Spiegelman C H, McShane M J, Goetz M J, et al. 1998. Theoretical justification of wavelength selection in pls calibration: development of a new algorithm. Analytical Chemistry, 70 (1): 35-44.

Sripada R P, Heiniger R W, White J G, et al. 2006. Aerial color infrared photography for determining early in-season nitrogen requirements in corn. Agronomy Journal, 98 (4): 968-977.

Stroppiana D, Boschetti M, Brivio P A, et al. 2009. Plant nitrogen concentration in paddy rice from field canopy hyperspectral radiometry. Field Crops Research, 111 (1-2): 119-129.

Suykens J A K, Vandewalle J, De Moor B. 2001. Optimal control by least squares support vector machines. Neural Networks, 14 (1): 23-35.

Suykens J A K, De Brabanter J, Lukas L, et al. 2002. Weighted least squares support vector machines: robustness and sparse approximation. Neurocomputing, 48 (1-4): 85-105.

Thenkabail P S, Lyon J G, Huete A. 2001. Hyperspectral Remote Sensing of Vegetation. Florida: CRC Press.

Tian Y, Yao X, Yang J, et al. 2011. Extracting red edge position parameters from ground- and space-based hyperspectral data for estimation of canopy leaf nitrogen concentration in rice. Plant Production Science, 14 (3): 270-281.

Tian Y, Gu K, Chu X, et al. 2014. Comparison of different hyperspectral vegetation indices for canopy leaf nitrogen concentration estimation in rice. Plant and Soil, 376 (1-2): 193-209.

Turner F T, Jund M F. 1991. Chlorophyll Meter to predict nitrogen topdress requirement for semidwarf rice. Agronomy Journal, 83 (5): 926-928.

Vogelmann J E, Rock B N, Moss D M. 1993. Red edge spectral measurements from sugar maple leaves. International Journal of Remote Sensing, 14 (8): 1563-1575.

Wang S H, Ji Z J, Liu S H, et al. 2003. Relationships between balance of nitrogen supply-demand and nitrogen translocation and senescence of different position leaves on rice. 2 (7): 747-751.

Wang W, Yao X, Tian Y, et al. 2012. Common spectral bands and optimum vegetation indices for monitoring leaf nitrogen accumulation in rice and wheat. Journal of Integrative Agriculture, 11 (12): 2001-2012.

Wong F K K, Fung T. 2013. Combining hyperspectral and radar imagery for mangrove leaf area index modeling. Photogrammetric Engineering and Remote Sensing, 79 (5): 479-490.

Wu C, Niu Z, Tang Q, et al. 2008. Estimating chlorophyll content from hyperspectral vegetation indices: Modeling and validation. Agricultural and Forest Meteorologyis, 148 (8-9): 1230-1241.

Xue L, Yang L. 2009. Deriving leaf chlorophyll content of green-leafy vegetables from hyperspectral reflectance. ISPRS Journal of Photogrammetry and Remote Sensing, 64 (1): 97-106.

Xue L, Cao W, Luo W, et al. 2004. Monitoring leaf nitrogen status in rice with canopy spectral reflectance. Agronomy Journal, 96 (1): 135-142.

Yu K, Gnyp M L, Gao C L, et al. 2015. Estimate leaf chlorophyll of rice using reflectance indices and partial least squares. Photogrammetrie Fernerkundung Geoinformation, 10 (1): 45-54.

Zarco-Tejada P J, Miller J R, Noland T L, et al. 2001. Scaling-up and model inversion methods with narrowband optical indices for chlorophyll content estimation in closed forest canopies with hyperspectral data. IEEE Transactions on Geoscience and Remote Sensing, 39 (7): 1491-1507.

Zarco-Tejada P J, Miller J R, Mohammed G H, et al. 2002. Vegetation stress detection through chlorophyll a + b estimation and fluorescence effects on hyperspectral imagery. Journal of Environmental Quality, 31 (5): 1433-1441.

Zhang J, Du Y, Liu X, et al. 2012. Progress in leaf area index retrieval based on hyperspectral remote sensing and retrieval models. Spectroscopy and Spectral Analysis, 32 (12): 3319-3323.

Zheng G, Moskal L M. 2009. Retrieving leaf area index (LAI) using remote sensing: theories, methods and sensors. Sensors, 9 (4): 2719-2745.

附录 试验图片

研究区高分 1 号卫星影像（红色-4 波段，绿色-3 波段，蓝色-2 波段）

研究区景观

不同施肥处理水稻长势

不同品种水稻长势

田间观测留影

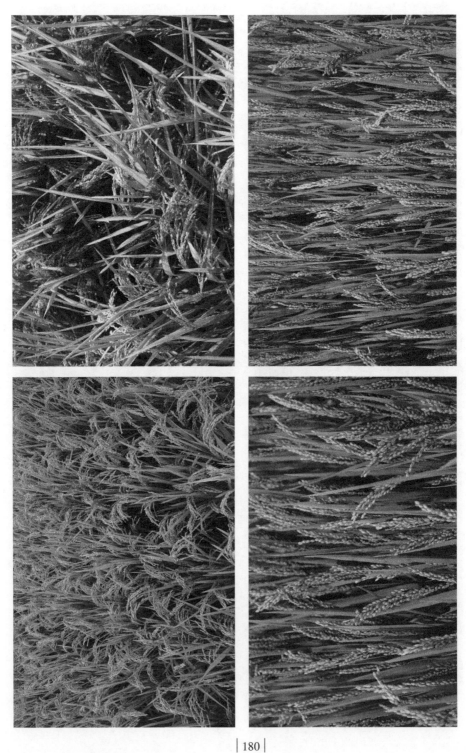